Die Bibliothek der Technik
Band 129

Komponenten für die Lichttechnik

Funktionen, Einsatzbereiche, Installationshinweise, Vorschriften

Nikolaus Fecht

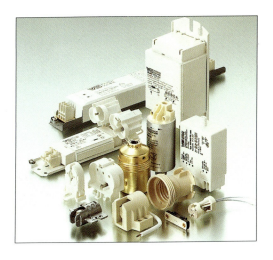

verlag moderne industrie

Dieses Buch wurde mit fachlicher Unterstützung
der Vossloh-Schwabe GmbH erarbeitet.

An der Erarbeitung dieses Buches waren weiterhin beteiligt:
Dipl.-Ing. Siegfried Goedicke, Dipl.-Des. Uwe Hoffmeister,
Dipl.-Ing. Gert Knobloch, Dipl.-Ing. Ulrich Lupatsch,
Hans-Peter Mews

Die Deutsche Bibliothek – CIP-Einheitsaufnahme

Fecht, Nikolaus:
Komponenten für die Lichttechnik : Funktionen,
Einsatzbereiche, Installationshinweise, Vorschriften /
Nikolaus Fecht. [Vossloh-Schwabe]. –
Landsberg/Lech : Verl. Moderne Industrie, 1996
 (Die Bibliothek der Technik ; Bd. 129)
 ISBN 3-478-93126-6
NE: GT

Dritte Auflage, 1998

© 1996 Alle Rechte bei
verlag moderne industrie, 86895 Landsberg/Lech
http://www.mi-verlag.de
Abbildungen: Nr. 1 Photo Deutsches Museum München; Nr. 6 u. 19
Hustadt GmbH, Arnsberg; Nr. 8 u. 16 ERCO-Leuchten GmbH,
Lüdenscheid; Nr. 38 Franz Sill GmbH, Berlin;
alle übrigen Vossloh-Schwabe GmbH, Werdohl
Satz: abc Media-Services, Buchloe
Druck: Bosch-Druck GmbH, Landshut
Bindung: Conzella, Urban Meister GmbH, München
Printed in Germany 930126
ISBN 3-478-93126-6

Inhalt

Einführung   **4**

Komponenten für Leuchten mit Glühlampen   **7**

Allgebrauchsglühlampen 7
Fassungen für Allgebrauchsglühlampen 7
Halogenglühlampen für Netzspannung 9
Fassungen für Halogenglühlampen mit Netzspannung 10
Dimmer für Glühlampen mit Netzspannung 11
Niedervolt-Halogenglühlampen 12
Fassungen für Niedervolt-Halogenglühlampen 13
Transformatoren für Niedervolt-Halogenglühlampen 15
Dimmer für Niedervolt-Halogenglühlampen 24
Leitungen für Niedervoltinstallationen 25

Komponenten für Leuchten mit Leuchtstofflampen   **27**

Einseitig gesockelte Kompakt-Leuchtstofflampen (TC) 28
Fassungen für TC-Lampen 29
Zweiseitig gesockelte Leuchtstofflampen (Tube-Lampen) 32
Fassungen für T26- und T38-Lampen 35
Vorschaltgeräte für Leuchtstofflampen 38
Schneid-Klemm-Anschlußtechnik 48

Komponenten für Leuchten mit Entladungslampen   **51**

Quecksilberdampf-Hochdrucklampen (HM-Lampen) 52
Vorschaltgeräte für HM-Lampen 53
Halogen-Metalldampflampen (HI-Lampen) 53
Natriumdampf-Hochdrucklampen (HS-Lampen) 54
Fassungen für HI- und HS-Lampen 55
Vorschaltgeräte für HI- und HS-Lampen 57
Zündgeräte für HI- und HS-Lampen 59
Versorgungseinheiten für HI- und HS-Lampen 64
Leistungsumschaltung von HM- und HS-Lampen 65

Fachbegriffe   **68**

Der Partner dieses Buches   **71**

Einführung

Weit mehr als nur Licht bieten heutige Beleuchtungssysteme. Die stürmische Entwicklung erstaunt, denn die elektrische Lichttechnik gibt es erst seit knapp 140 Jahren

Abb. 1:
Thomas Edison, der Vater der Glühlampe

1857 beleuchtete der Deutsch-Amerikaner Heinrich Goebel seinen Optikerladen mit glühenden Bambusfäden, 1879 entwickelte Thomas Alva Edison (Abb. 1) die Glühlampe. Passend dazu entwarf der geniale Elektroingenieur aus Milan/Ohio ein komplettes Lichtnetz, das er als Parallelschaltung von 115 Glühlampen erstmals in der Sylvesternacht 1897 auf dem Dampfer Columbia vorführte. Mit dieser Premiere trat die Edison-Lampe ihren leuchtenden Siegeszug gegen Gaslicht und Kohlelichtbogen an.

Siegeszug der Edison-Lampe

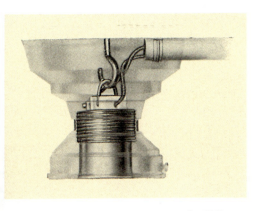

*Abb. 2:
Deckenleuchte
mit Edison-Fassung
aus einem Katalog
von 1932*

Lange Zeit waren Lampen nach Edisons Patent die einzigen elektrischen Lichtquellen (Abb. 2). Erst 1936 folgte mit der Gasentladungslampe – besser bekannt als Leuchtstofflampe – ein ernstzunehmender Konkurrent, der heute in den Industriestaaten den größten Teil des Lichtbedarfs abdeckt (Abb. 3).

*Abb. 3:
Fassungen für
Leuchtstofflampen
aus einem Katalog
von 1949*

1972 folgte die Halogenglühlampe, die seitdem als Niedervoltversion besonders den privaten Bereich erobert.

Parallel zu den verschiedenen Lampen entwickelte sich auch die Beleuchtungskomponententechnik, ohne die jeglicher Fortschritt in Sachen Licht undenkbar wäre. Während zu Edisons Pionierzeiten noch eine simple Fassung die gesamte Komponententechnik darstellte, ist das heutige »Drumherum« für Lampen fast unüberschaubar. Da gibt es beispielsweise Anschlußelemente, die ausschließlich für den elektrischen Kontakt sorgen, aber auch Fassungen, die zusätzlich die Lampen positionieren, Starter, die Leuchtstofflampen zünden, und Dimmer, die die Helligkeit regulieren. Dazu kommen Transformatoren, die sich um die nötige Spannung kümmern, Vorschaltgeräte, die für die notwendige Strombegrenzung sorgen und sich als elektronische Komponenten sogar in modernen Gebäudeleitsystemen einsetzen lassen, sowie Zündgeräte, die einen exakt definierten Zündimpuls liefern.

Den Stand dieser komplexen Technik soll dieses Buch beleuchten.

Entwicklung zur komplexen Komponententechnik

Komponenten für Leuchten mit Glühlampen

Allgebrauchsglühlampen

Ihrer Form verdankt die älteste elektrische Lampe den Spitznamen »Glühbirne«. An der Bauweise der birnenförmigen Lampe hat sich

Abb. 4:
Das technische Prinzip der Glühlampe hat sich während der letzten 100 Jahre kaum verändert.

bis heute wenig geändert: In einem luftleeren oder heute mit Edelgas gefüllten Glaskolben wird ein Metallfaden (Wolfram) durch elektrischen Strom zum Glühen gebracht (Abb. 4).

Fassungen für Allgebrauchsglühlampen

Für Allgebrauchsglühlampen, die in Deutschland fast ausschließlich mit den Sockeln

8 Komponenten für Leuchten mit Glühlampen

Abb. 5:
Moderne thermoplastische Kunststoffe verdrängen auch bei Edison-Fassungen immer mehr die klassischen Materialien Metall und Porzellan.

E14/E27 angeboten werden, gibt es Kunststoff-, Metall- und Porzellanfassungen. Ihre Auswahl ist von den Einsatzbedingungen abhängig. So kommen Metallfassungen in erster Linie bei hochwertigen, dekorativen Leuchten zum Einsatz. Metallfassungen müssen in die Erdungsmaßnahme der Leuchte miteinbezogen sein, wobei ein direkter Schutzleiteranschluß an der Fassung über Deckel oder Stein sowie eine Verbindung über Metallteile des Leuchtengehäuses zugelassen ist. Bei Kunststofffassungen (Abb. 5) gibt es für den Leuchtenhersteller im Rahmen der Temperaturkennzeichnung der Fassung die Möglichkeit, das Fassungsmaterial zu wählen, das für die Temperatur ausreichend ist, die am Fassungsrand in der Leuchte gemessen wird. So eignen sich Fassungen aus Polybutylenterephthalat (PBT) mit der Temperaturkennzeichnung T 180/190 für Leuchten mit geringer thermischer Belastung. Fassungen aus Polyäthylenterephthalat (PET) mit der Temperaturkennzeichnung T 210 oder aus Polyphenylensulfid (PPS) mit der Temperaturkennzeichnung T 230 können jedoch auch in Leuchten eingesetzt werden, die eine Dauergebrauchstemperatur entsprechend der T-Kennzeichnung von über 200 °C aufweisen. Porzellanfassungen findet man aufgrund ihrer Witterungs- und Temperaturbeständigkeit häufig in Außenleuchten und Hausgeräten.

Temperatur beachten

Halogenglühlampen für Netzspannung

Eine neue Variante der über 110 Jahre alten Edison-Lichtquelle ist die Halogenglühlampe (Abb. 6), bei der dem Füllgas ein Halogen (Fluor, Chlor, Brom oder Jod) beigemengt

Abb. 6:
Halogenglühlampen kommen zunehmend auch in Wohnraumleuchten zum Einsatz.

10 Komponenten für Leuchten mit Glühlampen

Lange Lebensdauer, brillantes Licht

wird. Der Sinn dieser Füllung: Den sonst üblichen Verdampfungsprozeß des Glühfadens verhindert der Wolfram-Halogenkreislauf, bei dem sich die Wolframwendel laufend regeneriert. Dank dieses Prozesses lassen sich Lampen herstellen, die über ihre verlängerte Lebensdauer keine Lichtstromreduzierung durch Metallisierung des Glaskolbens aufweisen. Die Folge ist: konstantes und brillantes Licht bei kleinen Lampenabmessungen.

Geringe Lampenleistungen sind bei diesem Prinzip jedoch nicht möglich, da der Halogenkreislauf bei dünneren Wolfram-Wendeldrähten nicht immer garantiert gleichmäßig arbeitet. Bei niedrigeren Spannungen wird dieses Verhalten allerdings wieder günstiger, was zur Entwicklung der Niedervolt-Halogenglühlampe geführt hat (siehe Seite 12 f.).

Quetschungstemperatur nicht überschreiten

Die erhöhte Lebensdauer von Halogenglühlampen im Vergleich zu herkömmlichen Glühlampen wird jedoch nur dann voll wirksam, wenn der Leuchtenhersteller die empfohlenen Maximaltemperaturen an der Quetschungsstelle der Lampe berücksichtigt. An der Quetschungsstelle, die sich am Übergang der Stifte des Lampensockels zur Lampenwendel befindet, sitzt üblicherweise ein aufgeschweißtes Molybdänplättchen. An diesem Punkt, der in der Regel innerhalb des Quarzglases der Lampen liegt, ermitteln die Lampenhersteller an speziell präparierten Meßlampen die Quetschungstemperatur, die als wichtiger thermischer Referenzwert innerhalb der Leuchte nicht überschritten werden soll.

Fassungen für Halogenglühlampen mit Netzspannung

Eine große Rolle bei der Auslegung der Fassungen spielt die durch den Halogenkreislaufprozeß, den großen Lampenstrom und die

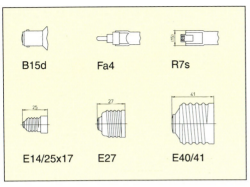

Abb. 7:
Die Lampensockel der gebräuchlichsten Halogenglühlampen für Netzspannung

hohen Leistungen bestimmte Temperatur der Lampen (Abb. 7). Als besten Schutz gegen hohe Temperaturen haben sich dabei metallische und keramische Werkstoffe bewährt. Die besten Kontaktmaterialien sind Nickel, Kupfer-Nickel-Legierungen oder Kupferwerkstoffe mit ausreichend dicken Nickeloberflächen sowie Silber. Bei Lampen in Soffittenform (Sockel R7s) schreibt die Norm IEC 61-2 7005-53-2 für die Fassungen je nach Kontaktwerkstoff den Kontaktdruck vor.

Dimmer für Glühlampen mit Netzspannung

Das individuelle Steuern des Lichtstroms, das sogenannte Dimmen, erreicht man über eine Leistungsregelung. Dies kann bei Glühlampen aufgrund der langen thermischen Zeitkonstante des Glühfadens einfach durch eine elektronische Schaltung mit Triac und Potentiometer erzielt werden. Die Helligkeitsregulierung mit Hilfe eines Dimmers bietet einige Vorteile:

- Energiesparen durch Anpassen an bestehende Lichtverhältnisse
- Sehkomfort durch gute Kontraste und Wegfall der Blendung

Individuelles Steuern des Lichtstroms

12 Komponenten für Leuchten mit Glühlampen

**Dimmer-
ausführungen**

- Erzeugen von Stimmungen durch gezielte Gestaltung mit Licht

Dimmer gibt es in verschiedenen Ausführungen: als Einbauversionen für den Installationsbereich oder für ortsfeste Leuchten sowie als Schnurzwischendimmer für ortsveränderliche Leuchten, mit Dreh-, Schiebereglern, Tastern oder Sensoren. Für Gebäudeleitsysteme gibt es außerdem die Möglichkeit, quasi ferngesteuert über genormte Signalleitungen (sogenannte Bussysteme) zu dimmen.

Niedervolt-Halogenglühlampen

*Abb. 8:
Niedervolt-Halogen-
glühlampen werden
in der Lichttechnik
häufig für die
Akzentbeleuchtung
verwendet.*

Klein, hell und flexibel einsetzbar, das sind die Attribute, wegen derer sich dieser Lampentyp in den 80er und 90er Jahren zu einer erfolgreichen Lichtquelle entwickelt hat (Abb. 8). Mittlerweile gibt es eine Vielzahl von Typen mit unterschiedlichen Formen, Reflektoren, Glühfädenanordnungen und Leistungen (5 bis

100 Watt). Der gemeinsame Nenner fast aller Niedervolt-Halogenglühlampen für die Allgemeinbeleuchtung ist die Betriebsspannung von 12 Volt. Für Sonderanwendungen gibt es darüber hinaus Lampen für 6 und 24 Volt.

Fassungen für Niedervolt-Halogenglühlampen

Im Niedervoltbereich kommen – außer dem Bajonettsockel B15d – fast nur Stiftsockel zum Einsatz, die mit unterschiedlichen Stiftabständen und -durchmessern versehen sind (Abb. 9). Neben den klassischen Fassungen, die den elektrischen Kontakt und die Positionierung der Lampe gewährleisten, gibt es auch sogenannte Anschlußelemente. Diese Bauteile sind ausschließlich für den elektrischen Kontakt zuständig und werden dort eingesetzt, wo z.B. aufgrund der Vorschriften die Lampe an ihrem Reflektor fixiert werden muß (z.B.

*Abb. 9:
Die Lampensockel der gebräuchlichsten Niedervolt-Halogenglühlampen*

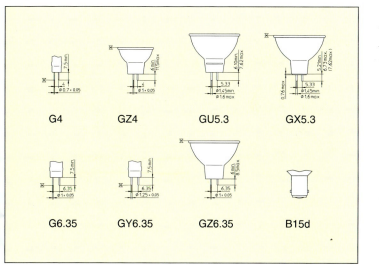

14 Komponenten für Leuchten mit Glühlampen

Abb. 10:
Mehrpunktkontakte
führen zu einer
Temperatursenkung

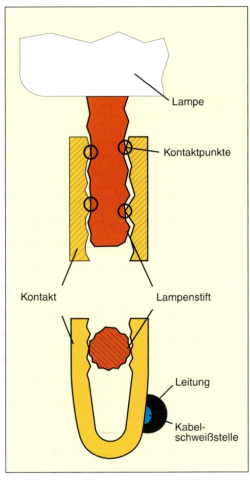

Kaltlicht-Reflektorlampen mit Sockel GZ4 und GX5.3).

Auch bei Halogen-Niedervoltlampen treten entsprechend dem Halogenkreislaufprozeß und der hohen Lampenströme außerordentlich hohe Temperaturen auf. Außerdem sind die entsprechenden Leuchten oft sehr kompakt gestaltet, was zu hohen Innentemperaturen durch Temperaturstau führt. Die Materialien der Fassung haben somit eine große Bedeutung für die Betriebssicherheit der Leuchten und die Lebensdauer der Lampen. Als zuverlässigste Bauteile haben sich Gehäuse aus Keramik mit Abdeckplatten aus Glimmer (Heizmekanit) und Kontakte aus Nickelwerkstoffen erwiesen. Hochwärmebeständige Kunststoffe wie PPS empfehlen sich für das Fassungsgehäuse nur bei Lampen kleinerer Leistungen (z.B. Sockel G4, 20 W).

Hitzebeständige Materialien

Eine wichtige Rolle spielt auch die Form der Kontakte. Herkömmliche Kontakte liegen nur von einer Seite am Lampenstift an. Dagegen erreicht man durch zusätzliche Kontaktpunkte bei sogenannten Mehrpunktkontakten (Abb. 10) eine Reduzierung der Stromdichte an der Übergangsstelle der Lampenstifte zum Fassungskontakt und somit eine Temperatursenkung. Ein weiterer Vorteil besteht darin, daß diese Kontakte die Temperatur besser von den Lampenstiften auf die Leitung abführen und dort abstrahlen. Der Temperaturvorteil kann bei Mehrpunktkontakten unter definierten Bedingungen (u.a. angeschweißte Leitungen) bis zu 100 °C betragen.

Mehrpunktkontakte senken die Temperatur

Transformatoren für Niedervolt-Halogenglühlampen

Da die Niedervoltlampen mit niedriger Spannung arbeiten, werden zum Betrieb an Netzspannung Transformatoren benötigt.

Seit einigen Jahren setzt man fast ausschließlich Sicherheitstrafos ein. Es gibt sie als elektromagnetische oder elektronische Ausführung. Elektromagnetische Trafos erhalten auf dem Typenschild (Abb. 11) nach VDE 0551 bzw.

Der Sicherheitstransformator

16 Komponenten für Leuchten mit Glühlampen

Abb. 11: Das Typenschild eines Trafos ziert eine verwirrende Anzahl von Zeichen, die im folgenden erläutert werden.

SELV

*Schutzkleinspannung
(Security Electrical
Low Voltage)*

EN 60472 das Zeichen für Sicherheitstransformatoren. Elektronische Trafos werden mit dem Zeichen für Schutzkleinspannung gekennzeichnet. Dieses Zeichen besagt, daß es sich um einen Trenntransformator handelt und der Sekundärausgang auch im Leerlaufbetrieb gefahrlos berührt werden kann.

Transformatoren werden in zwei Schutzklassen eingeteilt. Die Trafos der Schutzklasse I müssen basisisoliert sein und immer mit einem Schutzleiter verbunden werden. Trafos der Schutzklasse II erhalten eine doppelte oder verstärkte Isolierung, die vor gefährlichen Körperströmen schützt. Anschlüsse für Schutzleiter entfallen dagegen. Klasse-II-Sicherheitstrafos werden zwischen Körper und den unter Spannung stehenden Bauteilen mit einer vorgeschriebenen Prüfspannung getestet.

Schutzklasse II

Transformatoren lassen sich auch nach Art ihres Einsatzes unterscheiden. Einbautransformatoren müssen in ein festes Gehäuse, z.B. eine Leuchte, eingebaut werden, wohingegen die sogenannten unabhängigen Transformatoren separat von einer Leuchte betrieben werden dürfen und häufig im Deckeneinbau Verwendung finden.

Die unabhängigen elektromagnetischen Trafos erkennt man am Zeichen für Schutzklasse II.

Transformatoren für Niedervolt-Halogenglühlampen 17

Die unabhängigen elektronischen Geräte, für die auch Zugentlastungen für die Leitungen vorgeschrieben sind und die ohne Abdeckung außerhalb von Leuchten verwendet werden dürfen, tragen das Kennzeichen für einen unabhängigen Konverter.

Unabhängiger Konverter

Ein Transformator, der mit dem MM-Zeichen gekennzeichnet ist, darf auf Oberflächen montiert werden, deren Entflammungseigenschaften nicht bekannt sind, was z.B. bei der Montage auf Holzwerkstoffen von Möbeln der Fall sein kann. Dieses Gerät entspricht dann den Temperaturanforderungen nach VDE 0710 Teil 14 von <95 °C im normalen und <115 °C im anomalen Betrieb.

Möbeleinbau normaler Betrieb < 95 °C anomaler Betrieb < 115 °C

Bei elektronischen Trafos gibt es ein weiteres Zeichen für einen temperaturgeschützten Konverter. Diese Geräte haben eine zusätzliche Vorrichtung zum Schutz gegen Überhitzung. Damit ist sichergestellt, daß unter keinen Umständen die Oberflächentemperatur des Gehäuses den im Dreieck angegebenen Wert übersteigt.

Temperaturgeschützter Konverter (hier z.B. < 90 °C)

Um eine mögliche Geräuschentwicklung zu verhindern, sind Trafos so zu montieren, daß keine Schwingungen übertragen werden.

Aus zwei Gründen verdient die Niedervoltinstallation besondere Aufmerksamkeit: Einerseits sollte der Trafo mit nicht zu kleinem Abstand (möglichst >25 cm) zu den Lichtquellen montiert werden, damit die Wärmeentwicklung der Lampe nicht zu einer für den Trafo nachteiligen Erhöhung der Umgebungstemperatur führt. Andererseits sollte die Sekundärleitung möglichst kurz gehalten werden, da bei Niedervoltinstallationen verhältnismäßig hohe Ströme fließen und mit zunehmender Leitungslänge ein Spannungsabfall und somit eine Lichtstromminderung auftritt (s. Kapitel »Leitungen für Niedervoltinstallationen«, Seite 25).

Elektromagnetische Transformatoren

Die geometrischen Abmessungen richten sich nach der Höhe der Ausgangsleistung, der gewünschten Wärmeklasse sowie dem gewünschten Querschnitt:

- je größer die Sekundärleistung, desto größer der Trafo
- je kleiner der Querschnitt, desto länger der Trafo

Falls der Leuchtenkonstrukteur kleine, preisgünstige Trafos einsetzen möchte, sollte er beispielsweise mit Kühlblechen und Luftschlitzen für ausreichende Wärmeableitung innerhalb der Leuchte sorgen.

Der nicht kurzschluß-feste Sicherheitstrafo

Wegen ihres kleinen Innenwiderstandes sind für Halogenglühlampen entwickelte Trafos nicht kurzschlußfest. Nach VDE 0550 müssen sie auf dem Typenschild speziell gekennzeichnet werden. Dies geschieht üblicherweise in Kombination mit dem Zeichen für Sicherheitstrafo.

Nicht kurzschlußfeste Trafos müssen mit einer primärseitigen Geräteschutzsicherung vor Stromüberlastung unzulässiger Stärke und Dauer geschützt werden. Als Installationshinweis für den Anwender muß diese Feinsicherung nach IEC 127 wertmäßig auf dem Typenschild angegeben werden. Nach VDE 0550/0551 ist außerdem sicherzustellen, daß der Nennstrom des Trafos den 1,1fachen Wert des Schmelzeinsatzes nicht übersteigt. Die installierte Primärsicherung sollte leicht zugänglich sein, um sie bei Ausfall jederzeit problemlos ersetzen zu können.

Der bedingt kurz-schlußfeste Sicher-heitstrafo

Trafos, die mit Temperaturschaltern, Schmelzsicherungen, Überlastauslösung oder anderen Begrenzern ausgestattet sind, heißen bedingt kurzschlußfeste Trafos. Auch diese Trafos sind

Transformatoren für Niedervolt-Halogenglühlampen 19

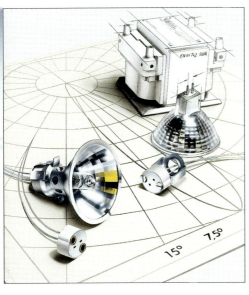

Abb. 12:
Für Transformatoren ist die Europanorm EN 60742 zuständig.

speziell gekennzeichnet und brauchen primärseitig nicht zusätzlich abgesichert zu werden.

Geprüft werden alle Sicherheitsbestimmungen wie Luft- und Kriechstrecken oder Temperaturen nach DIN VDE 0551 Teil 1-09.89 bzw. entsprechend der europäischen Norm EN 60742 (Abb. 12). Bei Einbautrafos wird nach EN 60742 weiterhin nur die Wicklungstemperatur überprüft. Dazu wird der Trafo auf ein schwarzgestrichenes Holz aufgelegt. Alle anderen Parameter müssen nach der Leuchtenvorschrift EN 60598 in der Leuchte überprüft werden.

Die angegebene Wärmeklasse richtet sich nach den verwendeten Isolierstoffen. EN 60742 gibt fünf Wärmeklassen an, wobei die jeweils angegebene höchste Grenztemperatur bei Nennbelastung und 1,06facher Nennspannung gemessen wird:

Klasse A: 100 °C
Klasse E: 115 °C
Klasse B: 120 °C
Klasse F: 140 °C
Klasse H: 165 °C

t_a 65 B
Maximal zulässige Umgebungstemperatur des Trafos

Steht also auf einem Typenschild beispielsweise t_a 65B, dann besitzt der Transformator nach EN 60742 eine geprüfte Übertemperatur von

120 °C – 65 °C = 55 °C (Übertemperatur des Trafos).

Das heißt: Der Trafo darf nur bis zu einer Umgebungstemperatur von 65 °C betrieben werden, weil sonst die Grenztemperatur des Isolierstoffes von 120 °C überschritten wird.

Mit diesen Angaben kann der Leuchtenkonstrukteur wenig anfangen, da die Wärme in einem Kunststoff- oder Eisenblechgehäuse unterschiedlich effektiv abgeleitet wird. Welcher Trafo verwendet werden kann, hängt in entscheidendem Maße von seinem Einbau ab. Daher wird zum Bestimmen der maximal zulässigen Umgebungstemperatur der Leuchte die Wicklungstemperatur des Trafos gemessen und so überprüft, ob die Grenztemperatur der Trafo-Warmeklasse entspricht. Geprüft wird dabei nach der Leuchtennorm DIN VDE 0711 Teil 206, nach EN 60598-2-6 entsprechend der internationalen Norm IEC 598-2-6.

Erweiterte Prüfbedingungen für Schutzklasse II

Erweiterte Prüfbedingungen gelten für den unabhängigen Trafo der Klasse II. So darf zum Beispiel die heißeste Stelle an der Oberfläche bei sechs Prozent höherer Nennspannung 85 °C nicht überschreiten. Bei Kurzschluß beträgt die zulässige Maximaltemperatur 105 °C.

Elektronische Transformatoren

Elektronische Transformatoren für Niedervolt-Halogenglühlampen funktionieren als Schalt-

Transformatoren für Niedervolt-Halogenglühlampen 21

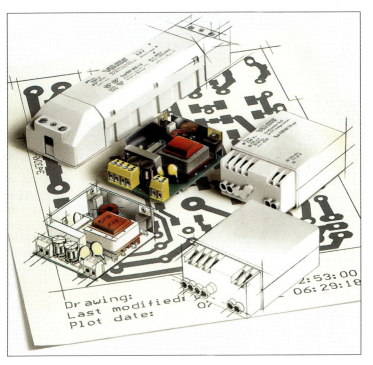

Abb. 13:
Elektronische Trafos ermöglichen durch variables Platinendesign vielfältige Gehäuseformen.

netzteile und werden auch als Konverter bezeichnet. Diese Bezeichnung leitet sich von der Arbeitsweise ab, da sie im Gegensatz zu den elektromagnetischen Geräten die Spannung nicht nur transformieren, sondern auch konvertieren. Dazu wird die Netzspannung zunächst gleichgerichtet und in eine hochfrequente pulsierende Spannung im Bereich von 25 bis 50 kHz umgewandelt. Anschließend wird auf die niedrigere Lampenspannung transformiert.

Dieses Funktionsprinzip der elektronischen Konverter verleiht ihnen in Zusammenhang mit den bei hochwertigen Trafos üblichen zusätzlichen Bauteilen etliche Vorzüge:

22 Komponenten für Leuchten mit Glühlampen

Vorteile elektronischer Konverter

- sie sind leicht und kompakt (Abb. 13)
- sie haben einen hohen Wirkungsgrad (ca. 95%)
- sie verfügen über Kurzschlußschutz
- sie sind leerlaufsicher und geräuscharm
- sie bieten einen integrierten Übertemperatur- und Überlastschutz
- sie gewährleisten einen lampenschonenden Betrieb durch Softanlauf
- sie sind intern und extern dimmbar

Besonders hervorzuheben ist der große erreichbare Teillastbereich, da sich zum Beispiel eine 20-Watt-Lampe problemlos an einem 105-Watt-Trafo betreiben läßt, ohne daß sich die Lampenlebensdauer verkürzt.

Geprüft werden die Sicherheitsanforderungen elektronischer Trafos nach VDE 0712 Teil 24, EN 61046 beziehungsweise nach IEC 1046. In diesen Vorschriften ist z.B. geregelt, daß zwischen der Primär- und der Sekundärseite eine galvanische Trennung bestehen muß. Die hierfür notwendige Spannungsfestigkeit der Wicklungsisolation wird durch Anlegen einer Prüfspannung von ca. 4 kV nachgewiesen.

Überspannungsschutz

Bei der Auswahl elektronischer Konverter sollte auch darauf geachtet werden, daß die Geräte vor netzseitigen Überspannungen geschützt sind, die z.B. durch induktive Vorschaltgeräte beim kombinierten Betrieb von Leuchtstofflampen mit Niedervolt-Halogenglühlampen auftreten können. Die Hersteller erreichen dies durch Einsatz eines spannungsbegrenzenden Bauteils gemäß der Vorschrift zur Arbeitsweise elektronischer Transformatoren VDE 0712 Teil 25 bzw. EN 61047.

Für eine sichere Arbeitsweise elektronischer Transformatoren ist es auch von Bedeutung, daß die maximal zulässigen Temperaturen beachtet werden. Üblicherweise bestimmt der Hersteller einen genauen Meßpunkt am

Gehäuse des Trafos. An diesem sogenannten t_c-Punkt darf die angegebene Grenztemperatur unter keinen Umständen überschritten werden, um die Lebensdauer der Geräte nicht zu verkürzen. Dieser Punkt wird festgelegt, indem der Trafo unter Berücksichtigung der angegebenen Umgebungstemperatur (t_a) in einer IEC-genormten Box im Normalbetrieb getestet wird. Da sowohl die konstruktionsbedingte Umgebungstemperatur wie auch die von der Anschlußleistung abhängige Eigenerwärmung des Trafos stark variieren können, sollte der Anwender die Gehäusetemperatur am t_c-Punkt des Trafos unter realen Einbaubedingungen überprüfen.

$t_c = 75\ °C$

Meßpunkt für maximal zulässige Gehäusetemperatur

Die neue Norm EN 61000-3-2 regelt die Begrenzung der Oberschwingungen des Netzstroms, um Netzrückwirkungen zu vermeiden.

Netzseitig müssen elektronische Transformatoren wegen der Erzeugung des hochfrequenten Lampenstroms mit Funkstörfiltern ausgestattet sein. Die Vorschriften zur Funkentstörung findet man in der EN 55015 für leitungsgebundene und abgestrahlte Störungen. Sekundärseitig muß die Leitungslänge auf max. 2 m begrenzt werden, um erhöhte Funkstörstrahlung zu vermeiden, da der eingebaute Filter nur die Störspannungen des Gerätes limitiert.

Funkstörfilter, Begrenzung der Leitungslänge

Weil sich elektronische Trafos leicht dimmen lassen, sind Regeloptionen oft schon serienmäßig »eingebaut«. Dank einer Eigenart lassen sich für Niedervolt-Halogenglühlampen wesentlich einfachere elektronische Systeme konzipieren als etwa für Leuchtstofflampen. Da die thermische Zeitkonstante des Glühfadens lang ist, bleibt der Lichtstrom nahezu konstant, auch bei Betrieb mit netzfrequenzmoduliertem Strom. Außerdem bedarf es auch nicht – wie z. B. bei elektronischen Vorschalt-

Serienmäßig eingebaute Regeloptionen

geräten – zusätzlicher Kondensatoren zum Glätten der Zwischenkreis-Gleichspannung. Der elektronische Trafo nutzt die Netzspannung quasi als treibende Kraft. Dazu ein Blick auf die Funktionsweise: Die Netzspannung wird gleichgerichtet, in ein Rechtecksignal von 20 bis 50 kHz umgewandelt und durch einen Ferritkerntrafo auf 12 V transformiert.

Dimmer für Niedervolt-Halogenglühlampen

In der Praxis werden Trafos mit Niedervoltglühlampen auf zwei verschiedene Arten gedimmt: per Phasenanschnitt- oder Phasenabschnitt-Dimmer. Die Art der Regelung hängt vom Trafotyp und von der Einsatzart ab.

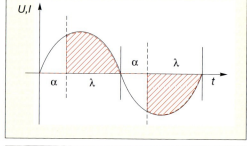

Abb. 14:
Das Funktionsprinzip des Phasenanschnitt-Dimmers
α Zündwinkel
λ Stromfluß
U Spannung
I Strom

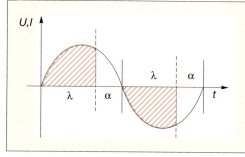

Abb. 15:
Das Funktionsprinzip des Phasenabschnitt-Dimmers
α Zündwinkel
λ Stromfluß
U Spannung
I Strom

So muß bei Leuchten mit konventionellen, elektromagnetischen Trafos ein geeigneter Phasenanschnitt-Dimmer auf der Netzseite vorgeschaltet werden (Abb. 14).

Für Leuchten mit elektronischem Trafo gibt es folgende Alternativen:

1. Vorschalten eines Phasenabschnitt-Dimmers auf der Netzseite (Abb. 15)
2. Verschieben des Triggerpunktes intern über Potentiometer (preiswerte Lösung für Einbaugeräte)
3. Dimmen über potentialfreie Spannung (aufwendige Schnittstellenvariante für Anlagen mit Gebäudeleittechnik/1 bis 10 Volt)

Regelungsmöglichkeiten

Es hat sich allgemein bewährt, das System Dimmer/Trafo vor der Installation auf Funktion und Geräuschentwicklung sorgfältig zu testen. Die Hinweise des Herstellers sind vor dem Einsatz genau zu beachten. Die Auswahl des Dimmertyps muß sehr sorgfältig geschehen, da sonst Dimmer und Trafo zerstört werden können. So darf etwa wegen der bei elektronischen Trafos eingebauten Funkentstörkondensatoren nur per Phasenabschnitt gedimmt werden.

Leitungen für Niedervoltinstallationen

Niedervolt-Halogenglühlampen stellen wegen der auftretenden hohen Temperaturen große Anforderungen an die Fassungsleitungen. Dabei kommt es auf die geschickte Kombination von Leiter und Isolierung an: Bei Temperaturen bis 180 °C am Leiter des Kabels empfehlen sich verzinnte Kupferleitungen mit Silikonisolierungen, bis 250 °C eignen sich vernickelte Kupferkabel mit Polytetrafluorethylen-Ummantelung (PTFE). Dabei leitet eine geschweißte Verbindung die Wärme am effek-

Leiter und Isolierung abstimmen

26 Komponenten für Leuchten mit Glühlampen

Arbeitsfrequenz	Belastung W	Querschnitt mm²		
		0,75	1,00	1,50
50 Hz (induktive Trafos) beliebige Verlegung	50 100	**0,38** **0,74**	**0,29** **0,56**	**0,20** **0,39**
40 kHz (elektronische Trafos) beliebige Verlegung (Schleifen)	50 100	**1,40** **3,30**	**1,25** **3,10**	**1,20** **3,00**
40 kHz (elektronische Trafos) Drähte verdrillt oder eng parallel	50 100	**0,50** **1,20**	**0,45** **1,00**	**0,35** **0,85**

Die Spannungsverluste bei 40 kHz sind Anhaltswerte, da die Meßergebnisse aufbauabhängig sind.

Tab. 1: Spannungsverluste (in Volt) bei zwei Meter langer Sekundärleitung

tivsten ab. Bei anderen Verbindungsarten wie Crimpen oder Stecken sollten Kontrollmessungen durchgeführt werden.

Um die Gefahr zusätzlich auftretender Erwärmung zu vermeiden, ist bei der Bemessung des Leiterquerschnittes die maximal zulässige Strombelastung zu beachten.

Bei der Verwendung induktiver Transformatoren verursacht der Leitungswiderstand einen erhöhten Spannungsabfall. Dieser Spannungsabfall ist stets mit einer Lichtstromminderung verbunden. Das bedeutet z.B. 30% Lichtstromminderung bei einem Spannungsabfall vor 11%. Daher ist bei der Verdrahtung auf möglichst kurze Sekundärleitungen und ausreichend ausgelegte Kabelquerschnitte zu achten.

Kurze Sekundärleitungen, ausreichende Kabelquerschnitte

Beim Einsatz elektronischer Trafos ist zu berücksichtigen, daß wegen der hohen Frequenz des Lampenstromes die Elektronen zu Leiteroberfläche drängen (Skin-Effekt). Der volle Drahtquerschnitt wird somit nicht mehr genutzt. Der Widerstand erhöht sich, und es kommt zu einem Spannungsabfall. Außerdem kann der Wechselstromwiderstand, verursacht durch die Zuleitungsinduktivität, einen erhöhten Spannungsabfall verursachen. Aus diesem Grund empfiehlt es sich, die Lampenleitungen eng parallel oder verdrillt zu verlegen (Tab. 1).

Komponenten für Leuchten mit Leuchtstofflampen

Der überwiegende Teil des künstlichen Lichtes stammt von Leuchtstofflampen (Abb. 16). Diese Lichtquelle arbeitet mit Quecksilberdampf niedrigen Druckes. Die an den Enden der Leuchtstofflampe befindlichen Elektroden bestehen aus Wolframdraht, der mit einem Emitter überzogen ist. Dieser erleichtert den

Abb. 16:
Die Leuchtstofflampe ist die am weitesten verbreitete Lichtquelle.

Austritt von Elektronen in den Entladungsraum der Lampe. Durch die Reaktion der Elektronen mit den Atomen des Quecksilbergases entsteht UV-Strahlung, welche die im Innern des Lampenrohres aufgebrachten Leuchtstoffe anregt, im sichtbaren Bereich von 380 bis 780 nm zu strahlen. Neben der

28 Komponenten für Leuchten mit Leuchtstofflampen

Bis zu 30 Prozent höhere Lichtausbeute

Standard- gibt es die sogenannte Dreibanden-Leuchtstofflampe, die dank spezieller Leuchtstoffe eine im Vergleich zur Standardversion bis zu 30 Prozent höhere Lichtausbeute erzielt. Der Begriff »Dreibanden« stammt von der »relativ spektralen Strahldichteverteilung« (Spektrum) in den drei Bereichen (Banden) blau, grün/gelb und gelb/rot, die für eine ausgewogene Farbwiedergabe sorgt.

Einseitig gesockelte Kompakt-Leuchtstofflampen (TC)

Achtfache Lebensdauer

Das Prädikat »ökonomisch und ökologisch besonders wertvoll« verdient die Kompakt-Leuchtstofflampe, denn sie benötigt im Lichtvergleich zur Glühlampe nur ein Fünftel der Energie und besitzt die achtfache Lebensdauer. Bei diesen »Öko-Wundern« handelt es sich um kleine Dreibanden-Leuchtstofflampen, die einseitig gesockelt sind und die es im Leistungsbereich von 5 bis 55 Watt gibt. Kürzere

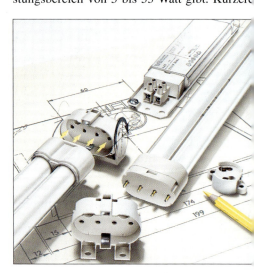

Abb. 17:
TC-L-Lampen werden mit externem Starter oder EVG betrieben.

Bauarten dienen als Ersatz für Glühlampen. Schlankere und leistungsstärkere Varianten mit maximal 55 Watt ersetzen die zweiseitig gesockelten Leuchtstofflampen und ermöglichen durch ihre kleineren Abmessungen (maximal halb so lang) wesentlich kompaktere Leuchten bei großer Lichtausbeute.

TC-Lampen für kompakte Leuchten

TC-S-Lampen haben generell den Starter im Lampensockel integriert, während TC-F- und TC-L-Lampen keinen Starter eingebaut haben (Abb. 17). Bei den TC-D- und TC-T-Lampen gibt es die Version mit eingebautem Starter, die über zwei Kontaktstifte verfügt und auch für den Betrieb mit konventionellen Vorschaltgeräten geeignet ist, und die Variante ohne Starter, die über vier Kontaktstifte verfügt und für Lichtsteuerungen mit elektronischen Vorschaltgeräten konzipiert worden ist (TC-DEL und TC-TEL). Die unterschiedlichen Schlüssel der Lampensockel differenzieren die Leistungen. Auch TC-EL-Lampen sind für starterlose Schaltungen mit EVG konzipiert.

Fassungen für TC-Lampen

Da Kompakt-Leuchtstofflampen im Vergleich zu Glühlampen deutlich weniger Wärmeentwicklung aufweisen, können die Vorteile von thermoplastischen Kunststoffen für die Fassungsgestaltung voll genutzt werden. Als Material hat sich glasfaserverstärktes Polybutylenterephthalat (PBT GF) bewährt.

Kompakt-Leuchtstofflampen bieten aufgrund ihrer kompakten Bauformen (Abb. 18) sehr variable Einsatzmöglichkeiten. An die entsprechenden Fassungen werden aus diesem Grund die unterschiedlichsten Anforderungen gestellt. So gibt es diese Fassungen mit vielfältigen Befestigungsmöglichkeiten wie z.B. Einsteckfuß, Splinten, Clipsen oder Bohrungen zur

Unterschiedliche Befestigungsarten

30 Komponenten für Leuchten mit Leuchtstofflampen

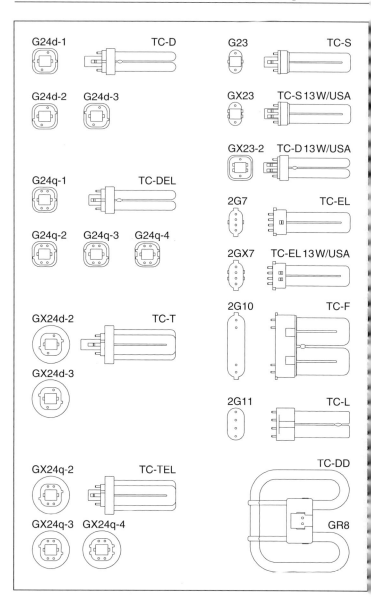

seitlichen, rückseitigen, vorderseitigen Montage etc. Die definierten Abzugskräfte der Lampe führen zu einem leichten Spiel innerhalb der Fassung. Bei horizontaler Lampenlage empfiehlt sich daher ein zusätzlicher Halter, der die Lampe am Rohr fixiert.

Bei TC-DEL- und TC-TEL-Vierstiftlampen ist ein neuer Standard mit verkürztem Zentralzapfen des Lampensockels entwickelt worden. Hierdurch wird sichergestellt, daß keine Zweistiftlampen für konventionelle Vorschaltgeräte in elektronischen Anwendungen eingesetzt werden können, denn dieses würde zur Zerstörung der Lampe oder des EVG führen. Es sollten folglich für die Lampensockel G24q bzw. GX24q entweder neue verkürzte Fassungen verwendet oder in herkömmliche Fassungen ein entsprechendes Reduzierstück eingesetzt werden.

TC-L-Lampen mit dem Sockel 2G11 erobern immer stärker die Einsatzgebiete der klassischen Leuchtstofflampe. Die entsprechenden

Abb. 18 (gegenüber): Die Lampensockel der gebräuchlichsten Kompakt-Leuchtstofflampen

Verkürzter Zentralzapfen

Abb. 19: Fassungen mit seitlicher Lampeneinführung ermöglichen einen platzsparenden Einsatz von TC-F-Lampen.

Fassungen positionieren die zwei Lampenrohre entweder nebeneinander oder übereinander. Für besonders kompakte Leuchten gibt es Fassungen, in die die Lampe seitlich eingesetzt und zusätzlich verriegelt wird. Bei Metallleuchten sollte möglichst darauf geachtet werden, daß der notwendige Kantenschutz für das Durchführen der Leitung durch das Leuchtenblech bereits in der Fassung berücksichtigt ist.

Die TC-F-Lampe mit dem Sockel 2G10 wird als »Flächenlampe« bezeichnet. Auch hier gilt: Ein besonders kompaktes Leuchtendesign ist mit Fassungen möglich, in die die Lampe nicht axial, sondern seitlich eingesetzt wird (Abb. 19). Dazu kommt die Möglichkeit, die Lampe zu verriegeln. Da die TC-F-Lampe auch mit konventionellen Vorschaltgeräten betrieben werden kann, gibt es auch Fassungen mit integriertem Starterhalter.

Zweiseitig gesockelte Leuchtstofflampen (Tube-Lampen)

Der am häufigsten genutzte Lampentyp

Nach wie vor sind die zweiseitig gesockelten Leuchtstofflampen die am meisten verwandten Leuchtmittel überhaupt (Abb. 20). Ihre Eigenschaften prädestinieren sie für die Beleuchtung von Büros und Produktionsstätten. Gefragt sind dabei besonders die stabförmigen Dreibanden-Lampen (T26-Lampen) mit Spitzenleistungen von über 10 000 Stunden Lebensdauer und einer Lichtausbeute von über 100 Lumen pro Watt. Damit steht dem Lichtmarkt ein sehr wirtschaftliches Leuchtmittel zur Verfügung, das auch gute Blendungsbegrenzungen zuläßt. Die früher weit verbreitete T38-Lampe hat heute in Europa aufgrund ihrer schlechteren Lichtausbeute kaum noch Bedeutung. Wegen ihres besseren Zündverhaltens

Zweiseitig gesockelte Leuchtstofflampen (Tube-Lampen) 33

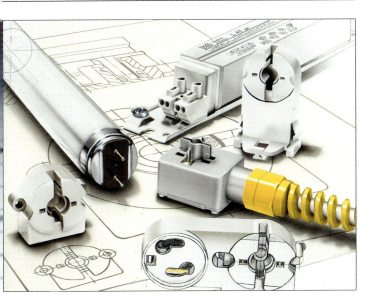

Abb. 20:
Komponenten für die Lichttechnik mit zweiseitig gesockelten Leuchtstofflampen

bei niedrigen Temperaturen wird sie fast nur noch in Kühlräumen und Außenleuchten eingesetzt. Zu den heute kaum noch gefragten Lampenformen zählen inzwischen auch die U-förmigen (T-U-Lampen mit Sockel 2G13) und die ringförmigen Leuchtstofflampen (T-R-Lampen mit Sockel G10q) (Abb. 21). Diese Leuchtmittel werden in Deutschland fast nur noch in Displays und Lichtwerbeanlagen eingesetzt.

Eine Renaissance erleben seit neuestem die T16-Lampen. Diese Leuchtstofflampen, deren Tubus nur 16 mm dick ist, standen bisher nur mit Leistungen von 4 bis 13 Watt zur Verfügung und wurden vornehmlich in Notbeleuchtungen sowie in Arbeits- und Möbelleuchten eingesetzt. Die von der Lampenindustrie vorgestellte neue Generation (14 bis 49 Watt) ist auch für die Allgemeinbeleuchtung konzipiert und steht somit in Konkurrenz zur T26-Lampe. Sie erfordert

T16-Lampen mit neuen Leistungen

34 Komponenten für Leuchten mit Leuchtstofflampen

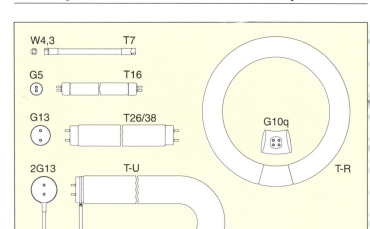

Abb. 21:
Die Lampensockel
der gebräuchlichsten
Leuchtstofflampen

allerdings Betriebsparameter, die den Einsatz von elektronischen Hochfrequenz-Vorschaltgeräten notwendig machten. Interessant ist, daß diese Leuchtmittel bei guter Lichtausbeute über eine kompakte Lampenlänge verfügen, so daß sie in das Rastermaß von Einbaudecken passen und das bisher bei Einbauleuchten notwendige Montagekästchen entfallen kann.

Abb. 22:
Nur 7 mm dünn:
die neue FM-Lampe

Die bisherigen Einsatzgebiete der T16-Lampe werden nun zunehmend von der extrem dünnen FM-Lampe (Fluorescent Mini) erobert, einem weiteren neuen Leuchtmitttel (Abb. 22). Die Kontaktgabe erfolgt bei diesen T7-Lampen durch zwei Wendeldrähte, die bis zum Kunststoffsockel führen. Vorgeschrieben ist der Betrieb mit einem elektronischen Vorschaltgerät (EVG), das defekte Lampen sicher abschaltet. Die entsprechenden Fassungen müssen auch bei nicht eingesetzter Lampe einen Berührungsschutz gewährleisten.

Superdünne Lampe

Fassungen für T26- und T38-Lampen

Heute verfügen fast alle Fassungen für T-Lampen über Sockelaufnahmen mit Drehkörper (Rotor). Diese Konstruktion hat sich durchgesetzt, weil die Fassung kaum über den Lampendurchmesser hinausragt und so den Bau schlanker Leuchten ermöglicht.

Sie hat sich außerdem prüftechnisch bewährt, denn das Drehen des Rotors ist eine bewußte Handlung und schützt somit vor falschem Einsetzen der Lampe.

Eine weitere wichtige Aufgabe des Rotors besteht darin, die Fassung vor der hohen Temperatur des Lampensockels zu schützen. Hierfür gibt es auf dem Markt zwei praktizierte alternative Lösungen: den vorstehenden Drehkörper mit vorwiegend punktförmiger Sockelauflage, der den entstehenden Luftspalt zur thermischen Isolation nutzt, und den großflächigen Drehkörper, der selbst als Hitzeschild fungiert. Durch den letztgenannten großen Rotor ist neben der Temperaturkennzeichnung von T 130 auch eine Lampenstiftabstützung gegeben, die ein Ausweichen der

Schutz vor hohen Temperaturen

Sockelstifte verhindert und somit eine sichere Kontaktgabe gewährleistet (Abb. 23).

Damit er seine Funktion als Hitzeschild erfüllen kann, empfiehlt sich als Werkstoff für den Drehkörper PBT GF (Dauerwärmebelastbarkeit 145°C). Für die Fassungsgehäuse hat sich

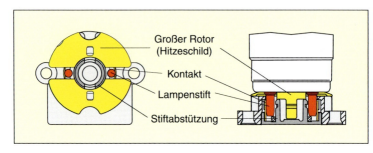

Abb. 23:
Die Konstruktion des großen Rotors mit Lampenstiftabstützung

Polycarbonat (PC) bewährt, da es unter Dauerbelastung bis zu 125°C aushält und darüber hinaus über ausreichende Festigkeit und Elastizität verfügt, so daß sich Splinte und Rastnasen wirtschaftlich als Befestigungselemente anformen lassen. Fassungen für G13-gesockelte Leuchtstofflampen unterteilen sich in unterschiedliche Befestigungssysteme (Durchsteck-, Einsteck-, Einbau- und Aufbaufassungen). Die Grundlagen für die Leuchtenbauweisen wie z. B. Befestigungsabstände, Blechdicken und Maße für die Blechausschnitte findet der Leuchtenhersteller in der DIN 49656 Teil 2-5.

Abb. 24:
Das Prinzip der Durchsteckfassung

Durchsteckfassungen

Durchsteckfassungen (Abb. 24) werden von unten durch einen Ausschnitt in das Leuchtenblech gesteckt und mittels seitlicher Rastnasen gehalten. Diese Fassungsart wird häufig in Leuchten eingesetzt, bei denen die Fassung von außen sichtbar bleibt, z. B. in sogenannten Lichtleisten. Elektrischer Anschluß und Kabel verlaufen unterhalb der Blechebene. Bei der

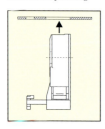

Durchsteckfassung bestimmt der Starter im wesentlichen die Abmessung der Leuchte, weil er von außen bedienbar sein muß und so senkrecht vor der Fassung angeordnet ist.

Einsteckfassungen

Dieser Fassungstyp, der häufig in Deckenaufbau- und Einbauleuchten zur Anwendung kommt, wird von oben in das Leuchtenblech eingesteckt (Abb. 25). Dabei sollte der Fassungsfuß maximal vier Millimeter überstehen, da dieses Maß der üblichen Höhe der Abstandsnocken im Leuchtenkörper entspricht. Die Verdrahtung liegt bei diesen Fassungen meistens oberhalb des Leuchtenbleches seitlich zu den Fassungen. Es gibt jedoch auch Fassungen, bei denen die Leitungsführung durch den Fassungsfuß erfolgt und die Kabel somit unterhalb der Blechebene verlaufen.

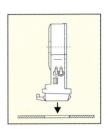

Abb. 25:
Das Prinzip der Einsteckfassung

Einbaufassungen

Auch diese Konstruktionsform wird überwiegend bei Deckeneinbau- und Aufbauleuchten eingesetzt. Im Gegensatz zu Einsteckfassungen werden Einbaufassungen aber meistens in sogenannten Kopfstücken der Leuchtenkästen montiert. Neben der gebräuchlichen Rastbefestigung durch an der Rückseite angebrachte Splinte (Abb. 26) gibt es noch zahlreiche Varianten mit Rastnasen, Einsteckzapfen oder Bohrungen zum Anschrauben, die auch mit federndem Längenausgleich erhältlich sind. Dem Leuchtenkonstrukteur bieten Einbaufassungen viele Freiheiten bei der Wahl der Lampenlage zum Reflektor. Das bedeutet, daß sich die Lichtverteilung sehr individuell beeinflussen läßt, da der Abstand der Lampenmitte zum Blech nicht von der Fassung festgelegt wird.

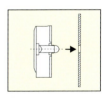

Abb. 26:
Das Prinzip der Einbaufassung

38 Komponenten für Leuchten mit Leuchtstofflampen

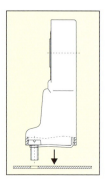

Abb. 27:
Das Prinzip der
Aufbaufassung

Aufbaufassungen

Die Fixierung von Aufbaufassungen erfolgt üblicherweise durch Schrauben oder Niete oberhalb einer Befestigungsebene, auf der auch die Verdrahtung verläuft (Abb. 27). Da diese Art der Montage heutzutage bei großen Stückzahlen meist unwirtschaftlich ist, werden diese Fassungen fast nur noch in Sonderanwendungen wie z.B. Displays oder Lichtwerbeanlagen eingesetzt.

Vorschaltgeräte für Leuchtstofflampen

Alle Leuchtstofflampen benötigen zum Zünden eine hohe Spannung. Wenn die Lampe gezündet hat, muß der Entladestrom durch einen äußeren Widerstand begrenzt werden. Diese Aufgabe übernimmt das Vorschaltgerät.

Nach den Anforderungen der EN 60920/921 muß das Vorschaltgerät so ausgelegt sein, daß sich an der Lampe die geforderten Werte – also Lampenstrom, -spannung und -leistung – einstellen. Die Lampenhersteller schreiben für das Vorschaltgerät Impedanzwerte vor, mit denen der Lampentyp bei seiner jeweiligen Leistung von z.B. 4 bis 160 Watt betrieben werden muß. Ist für zweiseitig gesockelte Tube-Lampen und einseitig gesockelte Kompakt-Leuchtstofflampen der gleiche Impedanzwert angegeben, können in vielen Fällen unter der Voraussetzung, daß die Vorheizströme eingehalten werden, beide Lampenarten mit dem gleichen Vorschaltgerätetyp betrieben werden.

Da die Produzenten von Lampen meist nur Impedanzwerte für eine Netzspannung/-frequenz angeben, muß der Vorschaltgerätehersteller die erforderliche Impedanz für andere Netznennwerte berechnen und den Geräteaufbau entsprechend anpassen.

Vorgegebene Impedanzwerte

Starter

Um Leuchtstofflampen, die mit einem induktiven VG betrieben werden, zu zünden, werden Starter benötigt. Die gebräuchlichsten Starter sind die sogenannten Glimmstarter. Sie tragen ihren Namen wegen eines Glimmzünders, der aus zwei Bimetallelektroden besteht, die unter Vakuum in einem mit Edelgas gefüllten Glaskolben eingebettet sind.

Unter Netzspannung findet zwischen den beiden Bimetallstreifen eine Glimmentladung statt. Durch die hierbei entstehende Wärme krümmen sich die Bimetallstreifen, bis sie sich gegenseitig berühren. Dieser Kontakt schließt den Lampenstromkreis und bewirkt eine Vorheizung der Lampenelektroden. Während dieser Kontaktphase wird die Glimmentladung gestoppt, und die Bimetallstreifen kühlen wieder ab, was zur abrupten Unterbrechung des Kontaktes führt. Hierbei entsteht in Verbindung mit der Drosselspule eine hohe Induktionsspannung, die die Leuchtstofflampe zündet.

Falls mit dem ersten Kontakt keine Zündung der Lampe erfolgt ist, wiederholt sich dieser Vorgang bis zur erfolgreichen Zündung. Nach der Zündung der Lampe schaltet der Starter ab, da nun nicht mehr die Netzspannung, sondern nur noch die circa halb so große Lampenspannung anliegt, welche nicht ausreicht, um die Glimmentladung zu erzeugen.

Konventionelle Vorschaltgeräte (KVG)

Beim Vorschaltgerät handelt es sich um ein aktives Bauelement, das Schwingungen im Frequenzbereich von 100 bis 500 Hertz und oberhalb 1000 Hertz erzeugt. Das Magnetfeld bringt den Eisenkern und die Leuchtenbleche aus Stahl in Schwingung, wobei die Feldkräfte mit dem Quadrat der Induktion zunehmen. Moderne Vorschaltgeräte, die versuchsweise frei im Raum aufgehängt werden, sind akustisch nicht wahrnehmbar, da die Wellenlänge der Brummfrequenz im Vergleich zu den Geräteabmessungen sehr groß ist. Da sich aber

40 Komponenten für Leuchten mit Leuchtstofflampen

das Brummen durch große Befestigungsflächen verstärkt, sollte der Leuchtenkonstrukteur diese Stellen mit Sicken oder Nuten versteifen, um ein Ausbreiten der Schwingungen zu verhindern.

Entsprechend dem variantenreichen Leuchtendesign gibt es elektromagnetische Vorschaltgeräte in den unterschiedlichsten Bauformen, z.B. kurze Geräte mit großem Querschnitt des Blechpaketes, superflache Geräte mit einer Höhe von nur 18 mm und extra schmale Bauformen. Dabei gilt folgendes: Je kleiner der erforderliche Querschnitt ausfällt, desto länger muß die Drossel sein. Eine Verlängerung bringt aber eine Erhöhung der Verlustleistung. Die Gesamtverlustleistung setzt sich aus Eisen- und Kupferverlustleistung zusammen. Dabei beträgt der Anteil der Eisenverluste 25 bis 30 Prozent der Gesamtverlustleistung. Proportional zur Verlustleistung verhält sich die Übertemperatur. Heute werden KVG mit Übertemperaturen von Δt 55 bis 75 °C angeboten. Die thermischen Eigenschaften der Leuchte entscheiden über die Auswahl des KVG mit entsprechender Temperaturkennzeichnung.

Wicklungstemperatur bestimmt die Lebensdauer

Die Lebensdauer der Drossel ist durch die Haltbarkeit der Wicklungsisolation bestimmt. Wird die Isolation nur an einer einzigen Stelle thermisch zerstört, tritt Windungsschluß auf. Hinsichtlich ihrer Lebensdauer werden Vorschaltgeräte anhand ihrer Wicklungsgrenztemperatur (tw) klassifiziert. Der Wert tw bezeichnet jene Wicklungstemperatur, der die Isolation bei ununterbrochenem Betrieb unter Nennbedingungen 10 Jahre standhält.

Der Leuchtenhersteller sollte Vorschaltgeräte mit engen Fertigungstoleranzen wählen. Eine Impedanztoleranz von nur ±1,5 Prozent ist durch einen einstellbaren Luftspalt problemlos

⌧F Brandschutzzeichen nach EN 60598

Leuchten für Leuchtstofflampen, die mit dem Brandschutzzeichen gekennzeichnet sind, dürfen direkt auf normal- oder leichtentflammbare Baustoffe nach DIN 4102 montiert werden. Leuchten, die dieses Kennzeichen nicht tragen, dürfen ausschließlich an nicht brennbaren Materialien befestigt werden. Thermische Referenzfläche für die Erteilung des Brandschutzzeichens ist die Befestigungsfläche der Leuchte. Bei F-gekennzeichneten Leuchten darf in anomalem Betrieb bei 1,1facher Nennspannung eine Temperatur von 130 °C an der Befestigungsfläche nicht überschritten werden. Darüber hinaus darf im Zerstörungsfall (Windungsschluß oder Körperschluß des induktiven Vorschaltgerätes) die 180-°C-Gerade bei einer Vorschaltgerätetemperatur < 350 °C von der Linie A nicht geschnitten werden (siehe untenstehende Grafik).

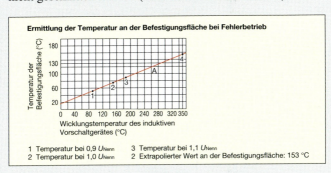

1 Temperatur bei 0,9 U_{Nenn}
2 Temperatur bei 1,0 U_{Nenn}
3 Temperatur bei 1,1 U_{Nenn}
2 Extrapolierter Wert an der Befestigungsfläche: 153 °C

Erfahrungsgemäß läßt sich die Steigung der Linie A verringern, wenn man den Abstand des Vorschaltgerätes von der Leuchte oder den Abstand der Leuchte von der Decke vergrößert. Die Linie A erhält man durch 3 Meßpunkte der Leuchte an der Prüfdecke bei der angegebenen Umgebungstemperatur der Leuchte. Hierbei ist die Wicklungstemperatur des Vorschaltgerätes und die heißeste Stelle der Befestigungsfläche der Leuchte bei 0,9-, 1,0- und 1,1facher Nennspannung zu messen. Diese Punkte werden in das Diagramm eingezeichnet und durch die Gerade A verbunden.

in der Serienfertigung zu erzielen. Das Plus von Vorschaltgeräten mit engen Fertigungstoleranzen: Die Leuchten arbeiten licht- und wärmetechnisch sehr konstant. Dadurch läßt sich eine hohe Lampenlebensdauer erreichen.

Kondensatoren

Elektrizitäts-Versorgungsunternehmen verlangen in der Regel Leistungsfaktoren von über 0,9. Durch den Einsatz von induktiven Vorschaltgeräten verschiebt sich jedoch der Phasenwinkel zwischen Strom und Spannung, so daß der Leistungsfaktor oft nur 0,3 bis 0,6 beträgt. Um den geforderten Wert zu erreichen, müssen Kondensatoren eingesetzt werden.
Übernimmt ein zum Netz parallel geschalteter Kondensator den Ausgleich, so spricht man von einem kompensierten Vorschaltgerät. Die Hersteller der Vorschaltgeräte geben die Werte der Kapazitäten vor, die je nach Lampenstromkreis unterschiedlich ausfallen.
In Deutschland kommt bei Leuchtstofflampen mit einer Leistung von über 18 Watt die sogenannte Duoschaltung zum Einsatz. Dabei wird ein Lampenkreis induktiv, der andere kapazitiv betrieben. Die vor- beziehungsweise nacheilenden Lampenströme summieren sich zu einem Gesamtstrom, der annähernd in Phasenlage zur Netzspannung liegt.
Der Wert des Reihenkondensators wird für das jeweilige Vorschaltgerät auf dem Typenschild angegeben. Die Toleranz der Kapazität sollte +/-2 Prozent betragen, damit die Vorheizbedingungen nach EN 60920/921 eingehalten werden.

Verlustarme Vorschaltgeräte (VVG)

Konventionelle Vorschaltgeräte (KVG) sind zwar preiswert und kompakt, weisen aber höhere Verluste auf. Deutlich kühler und sparsamer sind verlustarme Vorschaltgeräte (VVG). Dazu ein Praxisbeispiel (T-Lampe, Leistungsaufnahme 58 Watt, 50-Hertz-

Betrieb): Während etwa ein KVG 12,5 Watt Verlustleistung aufweist, beträgt dieser Wert beim VVG nur noch 8,5 Watt. Doch das hat auch seinen Preis: Erzielt werden die deutlich besseren Werte durch höhere Qualitäten und längere Pakete des Elektroblechs. Daraus resultieren geringere Windungszahlen und damit kleinere ohmsche Verluste. Neben diesem erwünschten Energiespareffekt haben VVG durch ihre geringe Übertemperatur von durchschnittlich nur 35 °C eine fast unbegrenzte Lebensdauer.

Energiesparend und lange haltbar

Elektronische Vorschaltgeräte (EVG)

Der Siegeszug der Elektronik macht auch vor den Leuchtenkomponenten nicht halt: Analog zu den Schaltnetzteilen für Computer entwickelten führende Komponentenhersteller elektronische Vorschaltgeräte. Diese EVG betreiben die Leuchtstofflampen mit Hochfre-

Abb. 28:
Vergleich der Systemleistungen von KVG, VVG und EVG

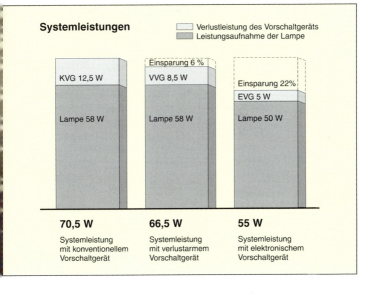

44 Komponenten für Leuchten mit Leuchtstofflampen

quenz (20–60 kHz). Die Strombegrenzung übernimmt eine integrierte Ferritdrossel.

Geringere Leistungsaufnahme

Leuchten, in denen elektronische Vorschaltgeräte eingesetzt werden, arbeiten energiesparend, da sie mit wesentlich geringeren Leistungsaufnahmen des Systems auskommen als konventionelle, induktive Anwendungen (Abb. 28).

Das liegt zum einen daran, daß die Lampe bei gleichem Lichtstrom geringere Leistung aufnimmt und zum anderen der Eigenverlust eines EVG nur ca. acht bis zehn Prozent der Lampenleistung beträgt. Hinzu kommt, daß die Leistungsaufnahme eines EVG mit modernem Schaltungskonzept auch bei Netzspannungsschwankungen konstant bleibt und somit eine gleichbleibende Energieeinsparung gewährleistet ist (Abb. 29).

Abb. 29:
Auch bei Netz-
schwankungen nimmt
ein modernes EVG
eine konstante
Leistung auf.

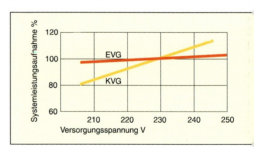

Neben der Verringerung der Stromkosten gibt es noch weitere wirtschaftliche Vorteile, die den höheren Preis einer Leuchte mit EVG kompensieren:

- höhere Lampenlebensdauer und somit geringere Ersatz- und Wartungskosten für den Anwender
- kein Starter und Kondensator notwendig und somit geringerer Montage- und Verdrahtungsaufwand für den Leuchtenhersteller

Dank der hochfrequenten Arbeitsweise ergeben sich jedoch auch bedeutende Pluspunkte hinsichtlich des Komforts:

- sanfter, flackerfreier Lampenstart
- flimmerfreies Licht, kein Stroboskopeffekt
- automatisches Abschalten bei defekter Lampe und Wiedereinschalten nach Lampenwechsel
- digitale und analoge Steuerung möglich (Gebäudeleittechnik)
- geringes Gewicht und variables Design

Elektronische Vorschaltgeräte erlauben eine große Bandbreite von Schaltungsvariationen, die es zum Beispiel problemlos gestatten, Geräte für den Mehrlampenbetrieb zu konzipieren. Auch dies verbessert noch einmal durch die damit verbundene Reduzierung der Montage- wie auch der Komponentenkosten die Wirtschaftlichkeitsberechnung. Mit einem Zweilampen-EVG kann man sowohl zwei Lampen in einer Leuchte betreiben als auch den sogenannten Mutter-Tochter-Betrieb realisieren, indem man von zwei einflammigen Leuchten nur eine mit einem EVG ausstattet und die andere Lampenleitung mit der zweiten Leuchte verbindet. Darüber hinaus gestattet die Elektronik mit Hilfe des Einsatzes speziel-

Mehrere Lampen, ein EVG

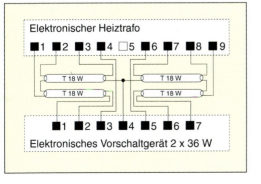

Abb. 30:
Schaltbild für den Betrieb von 4 Lampen (18 W) an einem EVG (2 x 36 W) mit einem elektronischen Heiztransformator

46 Komponenten für Leuchten mit Leuchtstofflampen

ler Heiztrafos den kostengünstigen Betrieb von z.B. vier Lampen an einem Zweilampen-EVG (Abb. 30).

Die meisten EVG verfügen über eine Schaltung zur lampenschonenden Wendelvorheizung und erreichen sehr hohe Schalthäufigkeiten. Diese sogenannten Warmstartgeräte gewährleisten 20 000 bis 40 000 Starts, da die Zündung der Lampe erst nach optimaler Vorheizung der Lampenelektroden erfolgt (Abb. 31).

Abb 31:
Der Startvorgang
eines Warmstart-
EVG (eine Einheit =
200 Millisekunden)

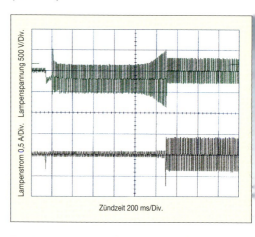

Für Beleuchtungsanlagen mit geringer Schalthäufigkeit, zum Beispiel in Lagerhallen oder Produktionsstätten, gibt es jedoch auch sogenannte Kaltstartgeräte, man spricht hier auch von Instant-Start. Diese EVG starten die Lampe mit einer hohen Zündspannung ohne Zeitverzögerung (Abb. 32). Die dadurch verursachte höhere Belastung der Lampenelektroden führt dazu, daß Lampen, die mit Kaltstart-EVG betrieben werden, nur 8000 bis 10 000 Starts erreichen. Der Vorteil dieser Geräte liegt aber in den geringeren Anschaffungskosten, die sich aus dem einfacheren Schaltungsauf-

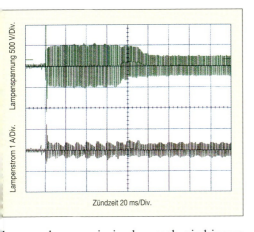

Abb. 32:
Der Startvorgang eines Kaltstart-EVG (eine Einheit = 20 Millisekunden)

bau ergeben, sowie in den noch niedrigeren Verlusten bei Geräten, die mit einem vor die Lampe geschalteten Zündkondensator versehen sind. In diesem Fall weisen die Lampen keinerlei Elektrodenverluste auf. Darüber hinaus sind diese EVG für explosionsgeschützte Leuchten geeignet, da sie nur eine Elektrode zum Betrieb der Lampe benötigen.

Die Zulassung von EVG wird im wesentlichen bestimmt von den Vorschriften EN 60928 (Sicherheit) und EN 60929 (Arbeitsweise). Außerdem müssen Leuchtenhersteller ab 1996 im Rahmen der CE-Kennzeichnung garantieren, daß ihre Elektronikgeräte die Schutzziele nach dem dann gültigen EU-Gesetz zur elektromagnetischen Verträglichkeit (EMV) einhalten.

EMV-geprüft

Besondere Beachtung verdient hier die EN 61000-3-2 (Oberschwingungsgrenzen des Netzstroms). Da von einem EVG ein nicht von der Netzfrequenz modulierter Lichtstrom gefordert wird, ist es nötig, nach der Gleichrichtung Kondensatoren zur Glättung einzusetzen. Dadurch entstehen impulsartige Netzströme mit hohem Oberwellenanteil. Mit speziellen Schaltungen, die ein wesentlicher Bestand-

48 Komponenten für Leuchten mit Leuchtstofflampen

teil des EVG sind, gelingt es, die Forderungen nach EN 61000-3-2 zu erfüllen.

Außerdem hat die Erzeugung der hochfrequenten Lampenströme Funkstörungen zur Folge. Deshalb sind Funkstörfilter fester Bestandteil eines EVG. Dies ist für den Leuchtenhersteller besonders wichtig, da nicht nur das Vorschaltgerät, sondern auch die Leuchte die Vorschriften nach EN 55015 erfüllen muß.

Eine weitere Norm, die EN 61547, legt die Anforderungen in bezug auf die Immunität fest. Unter Immunität versteht man unter anderem die Verträglichkeit gegenüber transienten Netzüberspannungen.

Zuverlässigkeit gefordert

EVG müssen sehr zuverlässig arbeiten. Führende Hersteller erreichen dies durch den Einsatz von speziellen Bauelementen und besonderen Prüfverfahren (Burn-in-Tests).

Schneid-Klemm-Anschlußtechnik

Einer rationellen Leuchtenfertigung stand bis vor kurzem der hohe Verdrahtungsaufwand entgegen. Mit wissenschaftlicher Unterstützung des Fraunhofer-Institutes IPA, Stuttgart, wurde das ALF-System entwickelt. Die drei Buchstaben stehen für »Automatische Leuchten-Fertigung« und bezeichnen ein System, das Leuchten automatisch montiert, verdrahtet und prüft. Herzstück dieser Technologie ist der Verdrahtungsroboter (Abb. 33), der mit kurzen Taktzeiten, prozeßintegrierter Qualitätskontrolle und hoher Flexibiliät entscheidend zur Senkung der Fertigungs- und Logistikkosten beiträgt.

Automatische Leuchten-fertigung

Um das enorme Rationalisierungspotential hinsichtlich Geschwindigkeit und Kontaktqualität voll ausschöpfen zu können, wurde

Schneid-Klemm-Anschlußtechnik 49

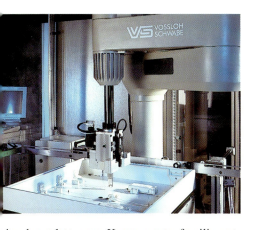

Abb. 33:
Die vollautomatische robotergesteuerte Verdrahtung eröffnet ein großes Rationalisierungspotential

eine komplett neue Komponentenfamilie entwickelt, die mit der VDE-geprüften Schneid-Klemm-Anschlußtechnik ausgestattet ist. Durch diese Umstellung der Anschlußgeometrie entfällt das Abisolieren der Leitungen oder das Anschlagen von Kontakten, wie es bisher bei der Schraub- oder der Crimptechnik bekannt war (Abb. 34). Erst mit der erprobten Schneid-Klemm-Technik wird die Grundlage für eine effiziente Automatisierung gelegt, da eine hohe Verbindungsqualität, kurze Kontak-

Abb. 34:
Die Schneid-Klemm-Technik ist das montagefreundlichste Verfahren, um den Prozeßablauf zu optimieren.

Schraubtechnik	Löttechnik	Crimptechnik	Klemmtechnik	Schneid-Klemm-Technik
• ablängen • abisolieren • (montieren Aderendhülse) • Leitung fügen • anschrauben	• ablängen • abisolieren • verlöten	• ablängen • abisolieren • anschlagen • Kontakt fügen	• ablängen • abisolieren • einschieben	• ablängen • kontaktieren/einpressen

50 Komponenten für Leuchten mit Leuchtstofflampen

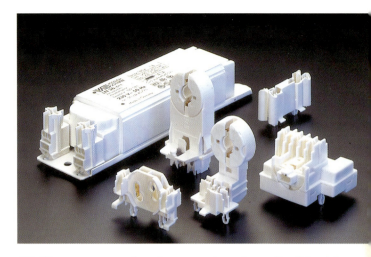

*Abb. 35:
Komponenten mit
der VDE-geprüften
Schneid-Klemm-
Technik – der primär-
seitige Anschluß kann
auch über die inte-
grierten Steckklem-
men erfolgen*

tierzeiten sowie eine Qualitätssicherung
gewährleistet sind. Die derart ausgerüsteten
Komponenten (Abb. 35) bieten mit der Möglichkeit, mehrere Anschlußstellen mit einer
Leitung durchzuverdrahten, einen weiteren
wirtschaftlichen Vorteil, da somit die notwendigen Leitungslängen erheblich reduziert werden können. Darüber hinaus gestattet dieses
Konstruktionsprinzip mittels Adaptern die ein-
fache und zuverlässige elektrische Kontaktie-
rung von oben für eine VDE-gerechte Leuch-
tenendprüfung.

Komponenten für Leuchten mit Entladungslampen

Sie arbeitet auf der Straße, im Stadion (Abb. 36), Fernsehstudio oder im Tunnel. Die Rede ist von einer der effektivsten Lichtquellen – der Entladungslampe. Die Funktionsweise klingt einfach: Ein Gas- oder Metall-

Abb. 36: Flutlichtanlagen sind ein typisches Einsatzgebiet für Entladungslampen.

dampfgemisch wird elektrisch gezündet, wodurch eine Entladung stattfindet. Doch bei dieser sogenannten Bogenentladung gibt es eine Vielzahl von Varianten. Unterschieden wird nach dem Betriebsdruck, unter dem die Entladung geschieht. Das Gros der Entladungslampen arbeitet unter Nieder- oder Hochdruck, sogenannte Höchstdrucklampen gibt es dagegen nur für ganz spezielle Einsätze, etwa in der Projektionstechnik. Ob aber unter niedrigem, hohem oder höchstem Druck: Die Leistung steht und fällt mit den dazu nötigen Komponenten (Abb. 37).

Abb. 37:
Komponenten für Leuchten mit Entladungslampen

Quecksilberdampf-Hochdrucklampen (HM-Lampen)

Quecksilberdampf-Hochdrucklampen (HM-Lampen) erzeugen sichtbares Licht durch Ionisation eines Zündgases (Argon) und von Quecksilberdampf. Dieser Prozeß findet in einem Quarzbrenner als Entladungsrohr statt, der sich in einem mit Leuchtstoffen beschichteten Glaskolben befindet. Es gibt diese Lichtquellen im Leistungsbereich von 50 bis 1000 Watt ausschließlich mit den Edison-Sockeln E27 und E40 (siehe Seite 56). Für die Stabilität der Entladung ist eine möglichst genaue Einhaltung der vom Lampenhersteller angegebenen Betriebsparameter notwendig, da z.B. die Verwendung in unzulässiger Brennlage oder die Nichteinhaltung der elektrischen Parameter zu Schäden oder vorzeitiger Lam-

Genaue Einhaltung der Betriebsparameter

penalterung führen können. Die Anlaufzeit beträgt bei diesen Lampen ebenso wie die Wiederzündzeit ca. vier bis fünf Minuten. Dank der bereits eingebauten Zündhilfselektroden sind keine zusätzlichen Zündeinrichtungen notwendig.

Vorschaltgeräte für HM-Lampen

Für Quecksilberdampf-Hochdrucklampen wird im Vorschaltgerät entweder ein rein induktiver oder ein kapazitiv-induktiver Widerstand verwendet. Das Vorschaltgerät darf auch bei großen Netzschwankungen (94 bis 106 Prozent der Nennspannung) eine vom Lampenhersteller vorgegebene Leerlaufspannung nicht unter- beziehungsweise einen festgelegten Kurzschlußstrom nicht überschreiten. Der Anlaufstrom sollte so hoch ausfallen, daß innerhalb von 15 Minuten mindestens 90 Prozent der Lampenbrennspannung erreicht sind. Weil Quecksilber-Hochdrucklampen ohne Vorheizung arbeiten, bestimmt der Lampenstrom die thermischen Werte der Vorschaltgeräte (bei maximaler Nennspannung und der kleinsten Impedanz).

Hoher Anlaufstrom

Halogen-Metalldampflampen (HI-Lampen)

Halogen-Metalldampflampen (HI-Lampen) sind eine Weiterentwicklung der Quecksilberdampf-Hochdrucklampen. Durch Zusätze von Halogeniden, also Verbindungen zwischen Metallen der seltenen Erden und Halogenen wie Fluor, Chlor, Brom, Jod, wird eine wesentlich verbesserte Farbwiedergabe erreicht. Die Zusätze verschlechtern jedoch Zündverhalten und Entladungsverlauf, so daß eine externe, leistungsstarke Zündhilfe erforderlich ist. Zudem müssen die Komponenten

Verbesserte Farbwiedergabe

die vorgegebenen Strom- und Spannungswerte sehr präzise einhalten. Elektrische und thermische Schwankungen führen nämlich unmittelbar zur Verschlechterung der Farbwiedergabe. Ausgereifte Komponenten-Technologie hält aber auch diese Mankos in engen Grenzen, so daß diese Lampe sich ein breites Anwendungsfeld erobern konnte: Sie beleuchtet unter anderem Schaufenster, Studios und Sportstätten und ist in zunehmendem Maße auch in Büro- und Wohnräumen zu finden (Abb. 38).

Abb. 38:
Durch die verbesserten spektralen Eigenschaften finden HI-Lampen auch Anwendungsgebiete innerhalb von Gebäuden.

HI-Lampen gibt es, Sonderformen für die Projektionstechnik oder Bühnenbeleuchtung ausgenommen, in Leistungen von 35 bis 3500 Watt. In der Regel benötigen diese Lampen eine Anlaufzeit von drei und eine Wiederzündzeit von zehn Minuten.

Natriumdampf-Hochdrucklampen (HS-Lampen)

Zwei Attribute zeichnen diese nach dem Prinzip der Metalldampfentladung funktionierende Lampenart aus: Sie arbeitet sehr effektiv und leuchtet in einem schmalen Rotspektrum. Rotlicht wird vom Menschen zwar am besten wahrgenommen, gleichzeitig realisiert es aber eine sehr schlechte Farbwiedergabe. Daher kommt die Natriumdampf-Hochdrucklampe (HS-Lampe) mit Leistungen von 35 bis 1000 Watt nur eingeschränkt, in erster Linie bei rein funktionaler Beleuchtung – etwa von Tunneln oder Straßenkreuzungen –, in Frage.

Allerdings läßt sich die Farbwiedergabe durch andere Füllgasgemische, Druckänderungen oder Leuchtstoffe verbessern, was aber den Lichtstrom und damit die Leistung vermindert. Konstruktionsbedingt benötigen diese Leuchtmittel zum Start Zündhilfen. Es gibt auch hier, wie bei den HM-Lampen, Typen mit integriertem Innenzünder. Aus ökonomischer Sicht empfiehlt sich aber der Einsatz von externen, also außerhalb der Lampe befindlichen Zündgeräten, da bei defekter Lampe die Zündhilfe nicht mit ausgetauscht werden muß und somit die Lampenersatzkosten für den Anwender deutlich niedriger liegen.

Einsatz externer Zündgeräte ist wirtschaftlicher

Fassungen für HI- und HS-Lampen

Halogen-Metalldampf- und Natriumdampf-Hochdrucklampen haben sehr unterschiedliche Sockel (Abb. 39). Hier sind RX7s, Fc2, G12, PG12, E27 und E40 zu nennen, entsprechend einseitiger oder zweiseitiger Sockelung der Lampen. Für alle Fassungen gelten die typischen Bedingungen für Entladungslampen: hohe Zündspannungen und Temperaturen. Bei der Fassungskonzeption sind besonders die hohen Anlaufströme zu berücksichtigen. Dies spiegelt sich bei den Isolierstoffen wider, die üblicherweise aus solidem Porzellan oder wärmebeständigem Kunststoff (etwa Polyphenylsulfid) bestehen. Für die Kontakte werden je

Kunststoff- oder Porzellanfassungen

56 Komponenten für Leuchten mit Entladungslampen

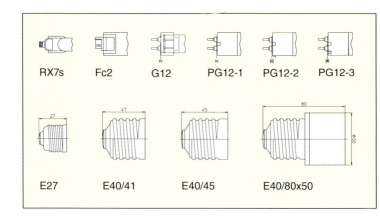

Abb. 39:
Die Lampensockel der gebräuchlichsten Entladungslampen

nach Lampenanforderung (Spannung, Strom, Temperatur etc.) Silber, Nickel oder Kupferlegierungen mit dicken Nickelschichten verwendet.

Die Leuchtenvorschrift IEC 598-1 entsprechend VDE 0711 Teil 1 definiert die Sicherheitsanforderungen in puncto Zündspannungen in Verbindung mit Kriech- und Luftstrecken. Besonders beim Einsatz von Hochdrucklampen mit den Edison-Sockeln E27 und E40 muß darauf geachtet werden, daß die Fassungen für Entladungslampen zugelassen sind.

Für erhöhte Nennspannung ausgelegt

Diesbezüglich geeignete Fassungen sind mit dem Wert 750 V gekennzeichnet, damit für Zündspannungen bis max. 7,5 kV ausgelegt und berücksichtigen die von den Vorschriften EN 60238 bzw. VDE 0616 Teil 1 geforderten erhöhten Kriech- und Luftstrecken. Entsprechend gelten für die anderen Sockelsysteme die neuen Vorschriften für Sonderfassungen IEC 838-1 beziehungsweise VDE 0616 Teil 5.

Die hohen Zündspannungsimpulse stellen auch besondere Ansprüche an die Leitungen. In der Praxis haben sich für Entladungslampen silikonisolierte Kabel mit 4,4 Millimeter

Außendurchmesser bewährt. Bei Lampen für sofortige Heißwiederzündung kommen 7 Millimeter dicke Silikonisolierungen mit Glasseide-Einlage zum Einsatz. Teflon-Ummantelungen eignen sich nicht, da sie auf Dauer nicht zündspannungsfest sind.

Vorschaltgeräte für HI- und HS-Lampen

Da bei Halogen-Metalldampflampen (HI) und bei Natriumdampf-Hochdrucklampen (HS) die vom Lampenhersteller angegebenen Referenzwerte für Lampenstrom, -spannung und Impedanz bei gleichen Lampenleistungen in der Regel identisch sind, werden häufig Betriebsgeräte angeboten, die für beide Lampenarten einsetzbar sind. Zu beachten ist, daß HI-Lampen auf Abweichungen der Impedanz vom Nennwert mit empfindlichen Farbveränderungen reagieren. Deshalb muß der Komponentenhersteller die Vorschaltgeräte auf die engeren Toleranzen dieser Lampen abstimmen. Außerdem ist bei HI-Lampen der angegebene maximale Gleichstromscheitelwert einzuhalten. Dieser wird bei HS-Lampen nicht angegeben. Es darf lediglich ein maximaler Anlaufstrom nicht überschritten werden.

Engere Toleranzen bei HI-Lampen

Für beide Lampenarten gilt jedoch, daß die Impedanz des Vorschaltgerätes selbst bei mehrmaligem Lampenwechsel über seine gesamte Lebensdauer gleich bleiben muß. Diese strikte Vorgabe wird durch eine sogenannte Lebensdauerprüfung nachgewiesen. In bezug auf die thermische Überprüfung nehmen HI-T-Soffittenlampen (z.B. Osram HQI-TS) eine Sonderrolle ein, weil bei diesen Lampen ein Halbwellenbetrieb auftreten kann, der die Drossel überhitzt. Dieser anomale Betriebszustand – auch Halbwellengleichrich-

Nachweis durch Lebendauerprüfung

58 Komponenten für Leuchten mit Entladungslampen

*Abb. 40:
Ersatzschaltung zur
Rekonstruktion des
anomalen Betriebes
von Soffittenlampen
(Quelle: Osram)*

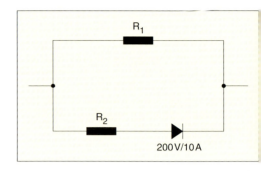

tung genannt – tritt jedoch nach Praxiserfahrungen etwa nur bei jeder zwanzigtausendsten HI-T-Lampe am Ende der Lebensdauer auf.

Da diese seltene Überhitzung durch den zwei- bis dreifachen Lampenstrom eventuell sogar zum Brand führen kann, wird empfohlen, die diesbezüglichen Leuchten mit einer Ersatzschaltung zu prüfen (Abb. 40). Hierbei ist auf die Auslegung der entsprechenden Widerstände zu achten (Tab. 2). Empfehlenswert ist in diesem Zusammenhang die Verwendung von Vorschaltgeräten mit Temperaturschalter, die

	Lampe					
	HQI-T 35 W		HQI-T 70W HQI-TS 70W		HQI-T 150 W HQI-TS 150 W	
Strom	1,06 A	1,59 A	2 A	3 A	3,6 A	5,4 A
Widerstand R_1 (Ω)	150	200	100	200	55	84
Widerstand R_2 (Ω)	29	2	6,0	1,3	3,0	0,6

*Tab. 2:
Daten für anomalen
Betrieb*

bereits beim Komponentenhersteller mit dieser Schaltung getestet wurden.

Eine weitere Sonderstellung haben Natriumdampf-Hochdrucklampen HSE-I mit Innenzünder (z.B. Philips SON W-I). Bei diesen

Lampen unterbricht ein eingebauter Schaltkontakt beim Öffnen den Kurzschlußstrom und erzeugt eine Induktionsspitze zum Zünden der Lampe. Vorschaltgeräte für HSE-I-Lampen müssen daher über Kurzschlußfestigkeit verfügen und mit einer maximalen Impulsspannung von 2,3 kV belastbar sein. Die hohe Lagen- und Prüfspannung stellt erhebliche Anforderungen an die Isolationsfestigkeit dieser Geräte.

Induktionsspitze zündet die Lampe

Zündgeräte für HI- und HS-Lampen

Als Starthilfe für Hochdrucklampen gibt es – abgesehen von Lampen mit Innenzündern – drei Konstruktionsprinzipien: Pulserzündgeräte, Überlagerungszündgeräte und Heißwiederzündgeräte.

Pulserzündgeräte

Pulserzündgeräte nutzen die Wicklung eines induktiven Vorschaltgerätes zur Erzeugung der Impulsspannung, die zum Starten von Hochdruckentladungslampen erforderlich ist. Deshalb müssen diese Vorschaltgeräte für die Belastung mit derart hohen Spannungen ausgelegt sein. Der erhöhte Aufwand gilt besonders der Isolation sowie der Dimensionierung der Kriech- und Luftstrecken. Durch die Erzeugung energiereicher Impulse ist das Pulsersystem auch für große Leitungslängen zwischen Zündgerät und Lampe geeignet. Dem heutigen Stand der Technik entsprechend basieren gute Geräte auf elektronischen Schaltungen. Abhängig von der Konstruktion und den technischen Forderungen werden Pulserzündgeräte im einfachsten Fall parallel zur Lampe geschaltet. Weitere Anwendungsfälle nutzen Teilwicklungen eines Vorschaltgerätes,

Erzeugung hoher Impulsspannung

60 Komponenten für Leuchten mit Entladungslampen

das entweder Anzapfungen zur Spannungswahl oder ganz spezielle Anzapfungen zum Pulserbetrieb aufweist.

Überlagerungszündgeräte

Das in Deutschland am weitesten verbreitete Startsystem für Entladungslampen ist das elektronische Überlagerungszündgerät (Abb. 41), das für beste Lampenbetriebsbedingungen sorgt und sehr effektiv arbeitet, weil es unab-

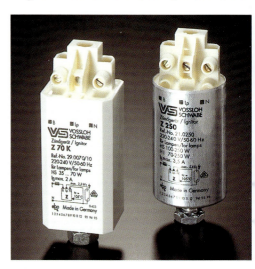

*Abb. 41:
Elektronische
Überlagerungs-
zündgeräte*

hängig vom Vorschaltgerät den Zündimpuls in den Lampenstromkreis transformiert. Ein wesentlicher Pluspunkt: Diese Zündanlagen arbeiten einwandfrei von 220 bis 240 Volt beziehungsweise 380 bis 415 Volt, wobei sie die volle Toleranzbreite der Netze von ±10 Prozent berücksichtigen. Weil die Netzfrequenz nur eine untergeordnete Rolle spielt, können diese Systeme problemlos bei 50 oder 60 Hertz zünden. In jeder Halbwelle werden je nach Forderung der Lampenhersteller Impulse

Zündgeräte für HI- und HS-Lampen

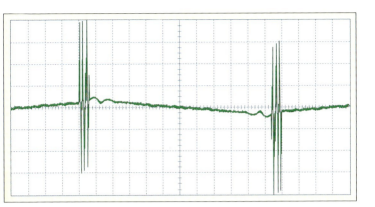

bzw. Impulspakete erzeugt, die in ihrer Breite und Höhe definiert sind (Abb. 42).

Die zulässige Belastungskapazität, die vor allem durch die Länge der Zündleitung und deren Verlegung sowie die Kabelart bestimmt wird, liegt in der Regel bei ca. 100 pF. Sie ist gewöhnlich bei einadrigen Leitungen bei ca. 1 m und bei mehradrigen Leitungen bei 0,7 m erreicht.

Da Überlagerungszündgeräte vom Lampenstrom durchflossen werden (Abb. 43), verursachen sie im Verhältnis zur Systemleistung geringe Verluste, die sich in einer gewissen

Abb. 42:
Zündimpulse eines elektronischen Überlagerungszündgerätes

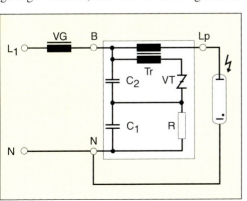

Abb. 43:
Das Schaltungsprinzip eines Überlagerungszündgerätes

Eigenerwärmung äußern. Subtrahiert man diese Eigenerwärmung von der angegebenen maximalen Gehäusetemperatur (t_c), erhält man die maximal zulässige Umgebungstemperatur. Wird der Strom, der durch eine Hochdrucklampe fließt, auch nur für Bruchteile von Sekunden unterbrochen, verlischt diese sofort. Erst nachdem durch Absinken der Lampentemperatur der Druck im Brenner auf ein bestimmtes Maß gesunken ist, erfolgt eine erneute Zündung mit üblichen Zündgeräten.

Anlaufschalter

Der Effektivität der Hochdrucklampe steht ein höherer Aufwand in der Leuchtenkonstruktion gegenüber, denn es sind ganz spezielle Komponenten erforderlich, wenn ein gewisser Komfort erwünscht ist. Hochdrucklampen besitzen zum Beispiel einen typischen Nachteil: Während des Anlaufens steht nicht sofort der volle Lichtstrom zur Verfügung, und nach kurzzeitigem Verlöschen benötigen die Lampen eine erhebliche Wiederanlaufzeit. Daher kann es sinnvoll sein, Leuchten – insbesondere bei sicherheitsrelevantem Einsatz – mit einer Hilfslichtquelle auszurüsten (üblicherweise Halogenlampen). Eingeschaltet werden diese zusätzlichen Leuchtmittel durch einen Anlaufschalter, der die Lampenspannung der Hochdrucklampe kontrolliert. Wenn die Hochdrucklampe etwa 60 Prozent des Nennlichtstromes erreicht, wird die Hilfslampe ausgeschaltet. Erst bei kurzzeitigem Verlöschen der Hochdrucklampe wird die Hilfslichtquelle erneut eingeschaltet – und zwar wieder bis zum Erreichen von etwa 60 Prozent des Nennlichtstromes.

Zündgeräte für HI- und HS-Lampen

Dieser Zeitraum, die sogenannte Wiederzündzeit, beträgt bei Natriumdampf-Hochdrucklampen etwa eine Minute und bei Halogen-Metalldampflampen zehn Minuten.

Alternde Lampen können durch anomale Betriebsweise Schäden an den Komponenten verursachen. Den Effekt, daß Entladungslampen am Ende ihrer Lebensdauer ständig zünden und wieder verlöschen, verhindern elektronische Zündgeräte mit integrierter Abschaltfunktion. Diese, auch Timer-Zündgeräte genannten Systeme, schalten ständig zündende Lichtquellen nach abgelaufener akkumulierter Zündzeit aus. Je nach Lampenart gibt es individuelle Geräte. So beträgt die programmierte Abschaltzeit bei HS-Lampen üblicherweise ca. 82 Sekunden und bei HI-Lampen 655 Sekunden.

Timer-Zündgeräte verhindern Schäden

Heißwiederzündgeräte

Der hohe Druck in Hochdruckentladungslampen baut sich nach dem Verlöschen nur sehr langsam ab. Die heißen Lampen lassen sich erst nach dem Abkühlen wieder mit herkömmlichen Zündgeräten starten. Bei sicherheitsrelevanten Beleuchtungsanlagen wie zum Beispiel in Kraftwerken, bei der Fahrzeugbeleuchtung, aber auch bei Anwendungen in Fernsehstudios wird allerdings der sofortige Wiederstart der Hochdrucklampen gefordert. Die hierfür konstruierten Heißwiederzündgeräte zünden die Lampen mit hochfrequenten Spannungen von 12,5 bis 70 Kilovolt im MHz-Bereich. Die extremen Spannungen stellen hohe Anforderungen an die Komponenten. Dieses Problem wird geringer, wenn man statt unsymmetrischer symmetrische Heißwiederzündgeräte einsetzt, da sich bei diesen das Potential der Lampenanschlüsse gegen Masse halbiert. Die Arbeitszeit solcher Zündgeräte wird prinzipiell durch Timer begrenzt.

Sofortiger Wiederstart

Versorgungseinheiten für HI- und HS-Lampen

Versorgungseinheiten vereinigen Vorschaltgerät, Kompensationskondensator, Temperaturschalter und Zündgerät in einem einzigen Betriebsgerät. Durch die Integration der verschiedenen Bauteile in ein kompaktes Gehäuse entfällt für den Anwender das lästige Verdrahten der Einzelkomponenten, denn es muß lediglich der Netz- und der Lampenanschluß vorgenommen werden. Dies führt zu einer erheblichen Senkung der Montagezeit und der Montagekosten.

Verdrahten der Einzelkomponenten entfällt

Abb. 44:
In eine Versorgungseinheit sind alle für den Betrieb einer Hochdrucklampe notwendigen Komponenten integriert.

Bei hochwertigen Versorgungseinheiten sind die Komponenten in Gießharz vergossen, und es sind Zugentlastungen für die Netz- und Lampenleitung vorhanden (Abb. 44). Dadurch ist die Kennzeichnung für Schutzklasse II und somit die Eignung für den Einsatz in Außenleuchten gegeben. Solche Versorgungseinheiten können auch MM-gekennzeichnet werden, was die Montage auf Holz oder ähnlich leicht entflammbare Werkstoffe gestattet und diese Geräte auch für den Einbau in Möbel oder Zwischendecken prädestiniert.

Leistungsumschaltung von HM- und HS-Lampen

Angesichts leerer Kassen der Städte und Gemeinden, aber auch im Sinne der Ökologie gewinnt die Leistungsumschaltung von Straßenbeleuchtung immer mehr an Bedeutung. Damit kann in verkehrsschwachen Zeiten nach einem örtlich variierenden Schaltrhythmus der Lichtstrom um etwa 50 Prozent und die Nennleistung um rund 30 Prozent gesenkt werden. Diese Leistungsumschaltung ist nur bei Natriumdampf- und Quecksilberdampf-Hochdrucklampen erlaubt.

Hohes Einsparpotential

Die Senkung der Lampenleistung kann durch eine zusätzliche Induktivität in Ergänzung des vorhandenen Vorschaltgerätes erreicht werden. Diese Variante ist aber in der Regel nur bei der Umrüstung bestehender Anlagen sinnvoll. Die bessere Alternative ist der Einsatz spezieller

Abb. 45:
Das umschaltbare Vorschaltgerät sorgt in Verbindung mit dem elektronischen Leistungsumschalter für eine Senkung des Energieverbrauchs.

umschaltbarer Vorschaltgeräte, die mit einer Zusatzwicklung ausgestattet sind, welche die Impedanz erhöht und mittels eines modernen elektronischen Leistungsumschalters gesteuert wird (Abb. 45).

Für die Umschaltung muß eine zusätzliche Phase zur Verfügung stehen, die die Steuerung des Leistungsumschalters realisiert. Es gibt zwei Varianten der Leistungsumschaltung. Beim Einsatz von zwei Vorschaltgeräten wird bei Vollastbetrieb einfach die zusätzliche Induktivität überbrückt (Abb. 46).

Abb. 46:
Schaltung für die Leistungsreduzierung von HS-Lampen mittels Zusatzinduktivität

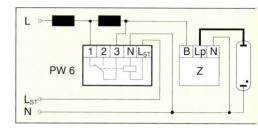

Etwas anders wird bei angezapften Vorschaltgeräten verfahren. Um dort beim Schalten auf eine niedrigere Leistungsstufe eine Unterbrechung des Stromes und somit ein Abreißen des Lichtbogens zu verhindern, werden die Relaiskontakte stromtragend überbrückt (Abb. 47).

Abb. 47:
Schaltung für die Leistungsreduzierung von HS-Lampen mittels umschaltbarem Vorschaltgerät

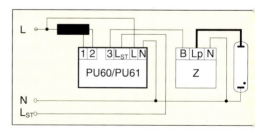

Die Lampenhersteller fordern, daß Entladungslampen nur unter der empfohlenen Nennimpedanz angefahren werden dürfen. Dies erreicht man bei der Leistungsumschaltung durch eine intelligente Elektronik: Zeitgesteuerte Leistungsumschalter garantieren einen »Lampenstart«, bei dem die Lampe min-

Entladeeinheiten

Die Europanorm EN 60598-1 verpflichtet Leuchtenhersteller von ortsveränderlichen Leuchten dazu, Vorkehrungen zu treffen, daß gefährliche Restspannungen sofort auf ein ungefährliches Maß abgebaut werden. Das bedeutet, daß bei diesen Leuchten der Kompensationskondensator innerhalb einer Sekunde auf eine Restspannung von max. 34 Volt entladen sein muß.

Bisher übernahmen häufig Entladungsdrosseln diese Aufgabe. Statt dessen ist der Einsatz elektronischer Entladeeinheiten empfehlenswert, die wesentlich kleiner und leichter sind und über ein weiteres Plus verfügen: Die Elektronik arbeitet erheblich verlustarmer als die induktive Methode und eignet sich sogar für sehr leistungsstarke Kondensatoren mit Kapazitäten von bis zu 100 µF.

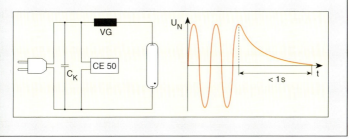

lestens fünf Minuten lang unter Vollast nläuft, selbst wenn bereits die Leistungsreduzierung aktiviert ist. Diese intelligente Betriebsweise sorgt für eine wesentlich höhere Lebensdauer der Lampe und spart auf diese Weise zusätzlich Kosten ein.

Fachbegriffe

cos φ Der cos φ gibt den Leistungsfaktor an.

Impedanz Scheinwiderstand eines vor Wechselstrom durchflossenen Leiters.

induktive Schaltung Betrieb einer Leuchtstofflampe mit einem Vorschaltgerät ohne Kondensator.

Induktivität Die Induktivität stellt die Verbindung zwischen dem Strom und dem von ihm verursachten magnetischen Fluß in einer Leiteranordnung unter Berücksichtigung aller Bauform- und Materialeinflüsse her.

kapazitive Schaltung Schaltung eines induktiven Vorschaltgerätes mit einem Kondensator in Reihe.

kompensierte Schaltung Schaltung eines induktiven Vorschaltgeräts mit einem Kondensator zwischen Phase und Nulleiter.

Lichtausbeute Verhältnis von Lichtstrom zur Leistungsaufnahme (lm/W).

Leistungsfaktor Verhältnis zwischen Wirkleistung zu Scheinleistung (Phasenwinkel zwischen Strom und Spannung).

Luft- und Kriechstrecken Durch Vorschriften festgelegte Mindestabstände zwischen spannungsführenden Teilen verschiedener Polarität oder zwischen spannungsführenden Teilen und den berührbaren Gehäuseoberflächen (Luftstrecke: kürzester Abstand durch Luft, Kriechstrecke: kürzester Abstand über die Oberfläche).

µF Maßeinheit für die Kapazität eines Kondensators (Microfarad).

Phasenanschnitt-Steuerung Beim Phasenanschnitt wird die sinusförmige Netzspannung in der negativen und positiven Halbwelle in einem Winkel im ansteigenden Teil der Sinushalbwelle »angeschnitten«. Je höher der Winkel am Regler des Dimmers eingestellt ist, desto niedriger fällt die Spannung und damit die Leistung an der Lampe aus.

Phasenabschnitt-Steuerung Bei der Phasenabschnitt-Steuerung kappt ein Schalttransistor den abfallenden Teil der Sinushalbwelle.

P_v Eigenverluste des Vorschaltgerätes in Watt gemäß EN 60920/921.

Quetschungstemperatur Sie wird an einem definierten Punkt des Lampensockels gemessen. Hierfür sind zulässige Maximalwerte international festgelegt.

Sicherheitstransformator Dabei handelt es sich um einen Trenntransformator zur Versorgung von Stromkreisen mit Schutzkleinspannung [SELV-Stromkreise]. Die Sekundärausgangsspannung darf auch im Leerlauf 50 Volt effektiv nicht überschreiten.

Stroboskopeffekt Bewegungstäuschung, die darin besteht, daß bewegte Gegenstände ruhend oder in einem anderen als dem tatsächlichen Bewegungszustand erscheinen, wenn sie durch periodisch verändertes Licht beleuchtet werden.

Systemleistung Gesamte Leistungsaufnahme von Lampe und Betriebsgerät (W).

Tandemschaltung Hintereinanderschaltung zweier Leuchtstofflampen mit einem Vorschaltgerät.

TD Teildrossel (zwei Vorschaltgeräte pro Lampe notwendig).

Teillastbereich Variabler Lastbereich neben der maximalen Nennlast.

Temperaturschalter Schutz vor Überhitzung durch anomale Lampenzustände (Gleichrichtereffekt, Kurzschluß oder Überlastung), nach Abkühlung automatischer Wiederanlauf.

t_a Bereich der zulässigen Umgebungstemperatur.

t_c Nennwert der maximalen Betriebstemperatur des Gehäuses.

transiente Netzüberspannung Spannung, die der Netzspannung überlagert ist.

Triggerpunkt Startpunkt einer Funktion.

tw Maximal zulässige Wicklungstemperatur.

Δt Anstieg der Wicklungstemperatur während des Betriebes eines Vorschaltgerätes unter Zugrundelegung internationaler Normen.

Δt_{an} Temperaturzunahme im Kurzschlußbetrieb (z.B. defekter Starter, defekte Lampe).

Wirkungsgrad Verhältnis von abgegebener Leistung zu aufgenommener Leistung.

Wolfram-Halogen-Kreislauf Das Halogen verbindet sich zunächst mit dem abgedampften Wolfram zu einem Wolfram-Halogen-Molekül, das dann wieder zerfällt und am Glühfaden das Wolfram absetzt.

Der Partner dieses Buches

Vossloh-Schwabe GmbH
Postfach 1860
58791 Werdohl

Vossloh-Schwabe gehört zu den weltweit größten Herstellern von elektrotechnischen Komponenten für die Lichttechnik. Das Produktspektrum reicht von elektronischen und elektromagnetischen Vorschaltgeräten und Transformatoren über elektronische Zündgeräte bis zu Lampenfassungen und anderen Leuchtenbauteilen.

Modernste Fertigungstechnologien, Mut zur Innovation und eine hervorragende Logistik kennzeichnen die Leistung von Vossloh-Schwabe. Die zahlreichen Produktionsstätten in Deutschland, Australien, Frankreich, Italien und Thailand gewährleisten eine schnelle Reaktion auf die spezifischen Belange des Marktes und bieten kundenorientierte Lösungen. Weitere Vertriebsgesellschaften in Großbritannien, Spanien, Schweden, Singapore und den USA unterstützen die internationale Ausrichtung.

Als Anbieter von kompletten Produktsystemen für alle modernen Beleuchtungstechniken hält Vossloh-Schwabe einen ständigen partnerschaftlichen Kontakt zu den Lampenherstellern sowie zu internationalen Prüf- und Normungsinstituten.

Zur Minimierung der Fertigungs- und Logistikkosten in der Leuchtenindustrie hat Vossloh-Schwabe das System ALF entwickelt, das den Leuchtenherstellern die Möglichkeit der Rationalisierung und Automatisierung bei der Leuchtenmontage bietet. Eine zentrale Rolle nimmt das automatische Verdrahtungssystem ein, das mit kurzen Taktzeiten, Direktmontage der Leitung aus dem Faß, prozeßintegrierter Qualitätssicherung und hoher Flexibilität ein großes Rationalisierungspotential eröffnet.

Grundwissen mit dem Know-how führender Unternehmen

Eine Auswahl der neuesten Bücher

Die Bibliothek der Technik

- Plattenwärmeübertrager
  Schmidt-Bretten
- Frequenzumrichter
  MITSUBISHI ELECTRIC
- Ultraschall-Metallschweißen
  STAPLA
- Linoleum
  DLW Bodenbeläge
- Moderne Schornsteintechnik
  Schiedel
- Dachwohnfenstersysteme
  VELUX
- Die moderne Elektroverteilung
  Hager Electro
- Dickstoffpumpen
  Putzmeister
- Feuerverzinkung
  Metaleurop
- Stanznieten und Durchsetzfügen
  Böllhoff
- Verbindungstechnik
  ITW Paslode
- Elektromagnetische Aktoren
  THOMAS MAGNETE
- Gasdruckregelung *Elster*
- Aluminium-Gußlegierungen
  Aluminium Rheinfelden
- Feinkorngraphite
  SGL CARBON
- Automatiktüren und ihre Antriebe
  DORMA
- Außenbeleuchtung *THORN*
- Das Preßwerk der Zukunft
  SCHULER
- Airbag *TEMIC*
- Filtertechnologie für
  Hydrauliksysteme *ARGO*
- Schneidkeramik *CERASIV*
- Gas Pipelines (engl.)
  Pipeline Engineering
- Komponenten für die Lichttechnik
  Vossloh-Schwabe
- Kohlendioxid – Kohlensäure – CO_2
  Messer Griesheim
- Untergrundspeicherung
  UGS
- Passiv-Infrarotbewegungsmelder
  Busch-Jaeger Elektro
- Wärmedämm-Verbundsysteme
  Sto
- Polyester Producing Plants (engl.)
  Zimmer
- Stahlfaserbeton
  HOCHTIEF / BEKAERT
- Wärmeschutz von auskragenden
  Bauteilen *MEA*

Die Bibliothek der Wirtschaft

- Absatzfinanzierung *GEFA*
- Gebäudeautomation
  Johnson Controls
- Factoring und Zentralregulierung
  Heller Bank
- Autovermietung in Deutschland
  Europcar
- Die Messe als Dreh- u. Angelpunkt
  Messe Düsseldorf
- Internationale Kurier- und Expreß-
  dienste *TNT*
- Flughafen und Luftverkehr
  Flughafen Düsseldorf
- Warenhotels
  Log Sped
- Sicherheitsmanagement *HDI*
- Immobilien-Leasing *DAL*

Die Bibliothek der Wissenschaft

- Organische Peroxide *Peroxid*
- Lithium (engl.) *Chemetall*
- Dosiersysteme im Labor *Eppendorf*

verlag moderne industrie

86895 Landsberg/Lech

Alle Bücher sind im Buchhandel erhältlich

Edison-Lampe   Glühlampe   Starter/zünder
Gasentladungslampe - Leuchtstofflampe
Halogenglühlampe (als Niedervoltversion
                   besonders in Priv. Bereich
Zündgeräte - exakt definierten Zündimpuls liefern
Dimmer - regulieren die Helligkeit
Transformatoren - für nötige Spannung
Vorschaltgeräte - für notwendige Strombegren-
                                           zung.